断裂力学导论

[美] Robert O. Ritchie
[英] Dong Liu ◆ 著

万 帆 李龙彪 李俊生 陈思安 王 龙 ◆ 译

国防科技大学出版社
· 长沙 ·

图书在版编目（CIP）数据

断裂力学导论 /（美）罗伯特 · 里奇，（英）刘栋著；万帆等译. -- 长沙 : 国防科技大学出版社，2025. 6. -- ISBN 978 - 7 - 5673 - 0687 - 5

Ⅰ. O346. 1

中国国家版本馆 CIP 数据核字第 20253588EU 号

著作权合同登记图字：军—2023—003

断裂力学导论

DUANLIE LIXUE DAOLUN

[美] 罗伯特 · 里奇　[英] 刘　栋　著

万　帆　李龙彪　李俊生　陈思安　王　龙　译

责任编辑：吉志发

责任校对：廖雪辉

出版发行：国防科技大学出版社　　**地　　址**：长沙市开福区德雅路 109 号

邮政编码：410073　　**电　　话**：（0731）87028022

印　　制：长沙市精宏印务有限公司　　**开　　本**：710 × 1000　1/16

印　　张：10　　**字　　数**：174 千字

版　　次：2025 年 6 月第 1 版　　**印　　次**：2025 年 6 月第 1 次

书　　号：ISBN 978 - 7 - 5673 - 0687 - 5　　**印　　数**：1 - 2000

定　　价：94. 00 元

Introduction to Fracture Mechanics, 1st edition

Robert O. Ritchie, Dong Liu

ISBN: 9780323898225

Authorized Chinese translation published by <National University of Defense Technology Press>.

《断裂力学导论》(第 1 版)(万帆、李龙彪、李俊生、陈思安、王龙 译)

ISBN: 9787567306875

译者序

断裂力学作为一门在现代科学与工程领域中占据着核心地位的学科，正深刻地影响着我们生活的方方面面。从航空航天领域中确保飞行器安全飞行的关键结构设计，到能源产业里保障石油管道与压力容器稳定运行的技术支撑，再到生物医学中助力人造骨骼等植入物可靠性提升的理论依据，断裂力学的身影无处不在。它专注于研究材料或结构中裂纹的萌生、扩展以及最终导致断裂的过程，为预防灾难性断裂事故的发生、优化材料与结构性能提供了坚实的理论基础和实用方法。

Introduction to Fracture Mechanics 这本书的原作者是美国工程院院士 Robert O. Ritchie 教授和布里斯托大学 Dong Liu 副教授。Robert O. Ritchie 院士在断裂力学领域久负盛名，其研究成果广泛应用于航空航天、汽车制造等多个重要行业，对推动断裂力学的基础理论发展和实际工程应用贡献卓越。Dong Liu 副教授同样在该领域造诣深厚，凭借其在材料微观结构与断裂行为关系研究方面的独到见解，为断裂力学的理论发展注入了新的活力。两位作者精心撰写，使得本书汇聚了断裂力学领域的基础知识与丰富实践经验。

与大多数该领域专著有所区别，本书除了进行常规的力学推导和公式讲解，还向读者介绍了断裂力学是如何应用的，以及它与表征力学性能的其他手段有何差异。最后一章案例的解读更是向读者展示了断裂力学的“工作”知识，因此对需要开始学习这门学科、了解这种有点陌生的力学形式的学生、研究人员以及工程师等来说，本书都是一本优秀的入门阅读著作。

因此，在学校国际合作交流种子基金项目的支持下，译者们通过国防科技大学出版社联系获得爱思唯尔公司关于本书的翻译版权，决定翻译此书。

参加翻译的主要人员及工作划分为：万帆（第 1 ~ 4 章），李龙彪（第 1 ~ 4 章），李俊生（第 5 ~ 6 章），陈思安（第 6 ~ 7 章），王龙（第 7 ~ 8 章）。

衷心感谢为本译著提供帮助和指导的所有人员。由于水平有限，译文中难免存在一些不妥之处，还望广大读者批评指正和见谅。

译者

2025 年 4 月

原 序

本书对断裂力学的起源、公式和其在结构材料、构件设计、安全操作和寿命预测上的应用做了个性化的导论介绍。然而，本书的意图并不是提供对断裂力学的常规解读，因为所有的力学推导和公式都可以在众多文献中找到，而是介绍断裂力学是如何应用的，以及与表征力学性能的其他分析方式有何不同。本书试图向读者介绍运用断裂力学的一些“困难”，因为这门学科的应用往往因缺乏理解而受到影响。

本书涵盖了线弹性断裂力学的基础和使用，包括基于 K 的表征参数和基于 G 的能量方法，以表征材料在平面应变和非平面应变条件下的断裂韧性，后者使用了抗裂性或 R 曲线的概念。接着，本书基于 J 积分和裂纹尖端张开位移描述了更复杂的非线弹性断裂力学。这些主题涉及裂纹萌生、缓慢裂纹扩展和过载断裂不稳定性的连续力学描述，本书试图将其与使用简单的微观力学公式的断裂模式相结合进行机制解释。因此，读者可能会注意到，本书确实对特征参数方法而不是能量方法存在一定的偏好，虽然它们是不可分割的，但是前者的描述更适合于局部微观力学建模。然后，本书针对性地通过环境加速开裂、蠕变裂纹扩展，尤其是疲劳问题，描述了断裂力学在亚临界裂纹扩展中的应用。最后一章是关于断裂力学在实践中的应用案例，涉及塑性屈服与断裂的失效、压力容器失效前泄漏概念的应用、预紧螺栓的断裂以及医用人工心脏瓣膜的安全寿命评估等。本书没有涵盖动态断裂和界面失效等主题，也没有详细讨论断裂力学在所有形式的亚临界裂纹中的应用。为了保持导论性解读的相对简洁，本书只对其中一些更先进的主题进行简要描述。

本书面向对断裂力学领域感兴趣的人，尤其是需要开始学习这门学科、了解这种有点陌生的力学形式的学生、研究人员、教师和实习工程师。事实上，断裂力学经常引起质疑。当断裂力学在 20 世纪 50 年代末至 60 年代首次出现时，许多物理学家无法理解其基本参数——应力强度因子 K，是如何具有 $\mathrm{ksi}\sqrt{\mathrm{in}}$（英制单位，$1\ \mathrm{ksi}\sqrt{\mathrm{in}} = 1.099\ \mathrm{MPa}\sqrt{\mathrm{m}}$）这样奇怪的单位的，即应力乘以长度的平方根！

然而，人们不能低估断裂力学的影响。想想 1912 年泰坦尼克号的沉没，20 世纪 50 年代德 · 哈维兰公司“彗星”商用喷气式客机的坠毁，以及大约 20 年后洛克希德 DC－10 飞机的空难。这些灾难性事故，在许多方面“改变了世界”。正如有人曾经说过的：“上帝可能创造了塑性，魔鬼却创造了断裂！”我们还需要多说吗？

目　录

第1章 绪 论

断裂力学的发展相对较晚，主要是在第二次世界大战结束后。它提供了一种可用于定量评估断裂发生概率的工程方法。鉴于此，它在设计更安全的工程结构方面发挥了至关重要的作用，包括应用于运输（如飞行器机身、燃气涡轮发动机）、建筑（如支撑梁、焊接结构）和能源（如动力涡轮、压力容器和管道）的工程结构，建立（标称）材料特性以测量断裂韧性，用于结构材料的研发与表征。最重要的是，它可以将上述长度尺度关联起来。原则上，对于给定的材料，无论是金属、陶瓷或聚合物，其断裂韧性值都可以在实验室中相对较小的试样上测量，然后直接用于预测使用中的更大结构或部件的断裂。类似的分析也可以用于疲劳、蠕变或环境加速的断裂。强大吗？在工程术语中，这是肯定的。然而，当查阅这一领域的文献时，我们很快就会得出这样的结论：断裂力学已经成为最“被滥用”的力学学科之一（因为找不到一个更好的词）。例如，技术论文中引用的许多断裂韧性测量值在最坏的情况下是“完全错误的”，或者在最好的情况下是与几何形状和样品尺寸相关的。

鉴于这种困境，在这本入门的书中，我们将阐述断裂力学的基本原理，而不是具体地介绍基于复杂应用力学和计算力学的基本起源，因为这在各种教科书中已经被描述了许多次。本书从断裂力学的基本原理，即构成断裂力学基础的诸多假设出发。我们尝试为读者提供断裂力学的“工作知识”，阐述其在损伤容限设计、通过适当的寿命预测策略防止失效，以及定量失效分析（断裂诊断）等方面的潜力，同时给出对方法的理解，避免许多应用中暗含的“陷阱”。简单地说，这主要意味着要认识到需要做出许多工程近似和假设，以对裂纹附近的应力和位移场进行有意义的描述，以及如何利用这些近似和假设来确定经测量可用来表征裂纹萌生及稳定扩展的参数，即能够定义“裂纹驱动力”的参数，例如，线弹性材料的应力强度因子 K 和应变能释放率 G，

或非线弹性材料的 J 积分。

引用 Dan Drucker 和 Jim Rice 的话："断裂力学是对裂纹尖端奇异场的明智解释。"在我们看来，对这一说法的真正理解代表了对断裂力学是什么以及如何真正实际应用它来防止工程失效的必要认识。

第 2 章 断裂力学基础

2.1 理想断裂强度

断裂力学的描述可以从原子理想断裂（或“内聚”）强度开始。从本质上讲，其采用最简单的形式表示将两个原子面（如解理面）拉开所需的应力。众所周知，两个相互作用的原子受到两种力：基于泡利不相容原理在短距离上的排斥力和在远距离上的吸引力（色散力）。1931 年，布里斯托大学的 Lennard-Jones[1] 评估了两个原子的势能，是原子间分离距离的函数，如图 2.1（a）和（b）所示。当势能最小时，原子处于平衡状态，距离记为 l_0。在这一距离上，两个原子是最稳定的，会一直保持平衡直到受到外力。假设远场应力 σ^{∞} 垂直作用在沿原子键轴线的单位面积解理面，可以近似为距离 Δl 的正弦形式：

$$\sigma^{\infty} = \sigma_T \sin \frac{\pi \Delta l}{\lambda} \tag{2.1}$$

式中，λ 的长度与 l_0 相当，σ_T 为正弦应力幅值，即最大内聚应力，如图 2.1（c）所示。

对于线弹性固体，使原子从平衡间距 l_0 增加 Δl 所需施加的应力，可以用胡克定律表示：

$$\sigma^{\infty} = \frac{E \Delta l}{l_0} \tag{2.2}$$

式中，E 为弹性模量。将式（2.1）及式（2.2）联立，可得：

$$\sigma_T \sin \frac{\pi \Delta l}{\lambda} = \frac{E \Delta l}{l_0} \tag{2.3}$$

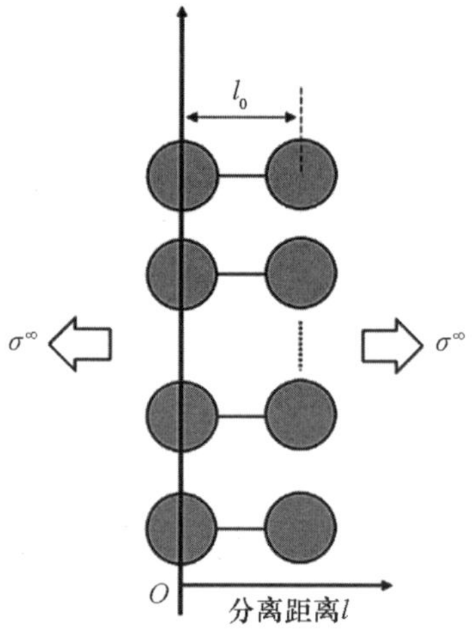

(a) 在远场应力σ^∞的作用下，平衡距离为l_0的两个原子

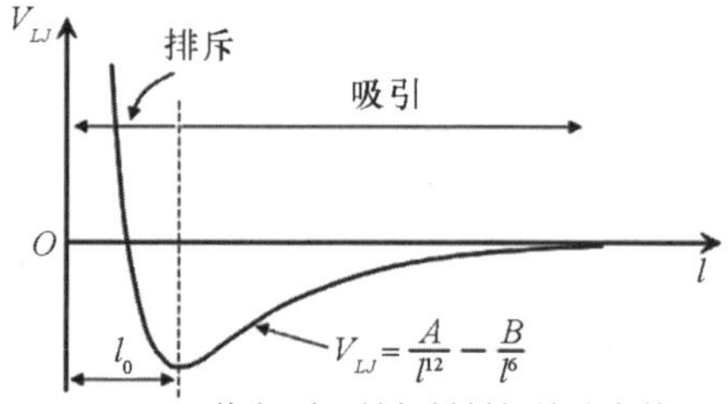

其中A和B是与材料相关的参数

(b) Lennard-Jones势能V_{LJ}曲线，包括陡峭的（短距离）排斥区间和平缓的（长距离）吸引区间；l_0是两个原子处于平衡状态时的距离

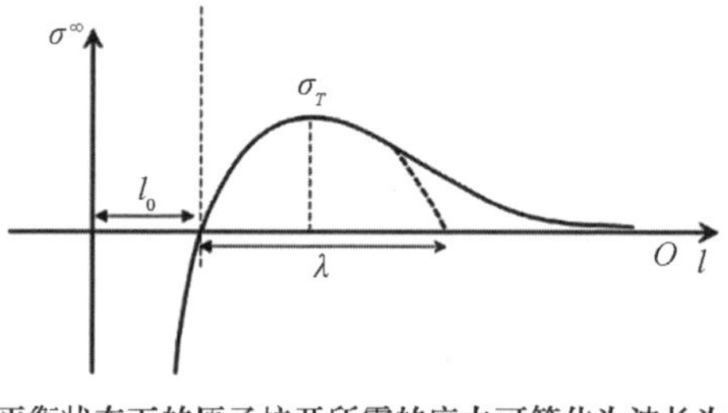

(c) 将两个处于平衡状态下的原子拉开所需的应力可简化为波长为2λ的正弦形式，最大应力σ_T为理论（理想）内聚断裂强度

图 2.1　两个原子的势能是原子间分离距离的函数

在小角度下，当$\lambda \sim l_0$时，$\sin\frac{\pi\Delta l}{\lambda}\rightarrow\frac{\pi\Delta l}{\lambda}$，可以得到理想断裂强度的估计值：

$$\sigma_T \sim \frac{E}{\pi} \tag{2.4}$$

这些计算可以进一步精确化。例如，可以用更精确的 σ^∞ 描述取代这里使用的简化正弦形式，但所有这些解给出的理想断裂强度 σ_T通常在 $E/4$ 至 $E/15$ 的范围内，典型值为 $E/10$。而且，与测量的断裂强度相比，所有这些理论估计值都偏高。例如，石英玻璃的模量为 70 GPa，理论断裂强度约为 7 GPa。但是实验测量的石英玻璃抗拉强度通常为 30 ~ 100 MPa，小于理论值一个数量级以上。你可能会问，为什么？因为位错的存在，材料剪切强度的测量值通常比理想值小两个数量级，而对于断裂强度，这种类似的理论强度和实验强度之间的巨大差异是由于材料中不可避免地存在裂纹，导致局部应力集中。

2.2　Griffith 断裂理论

初始缺陷和裂纹导致应力集中影响的原子面分离，其中应力集中可能是裂纹形状和尺寸的函数，这使得断裂强度的任何估算都变得困难。20 世纪 20 年代，Griffith 提出了第一个公认的估算实际断裂强度的理论，该理论采用能量法解决这一问题[2]。他考虑了一种纯弹性状态，在单位厚度的无限薄板上，中间裂纹长度为 $2a$，施加远场应力 σ^∞（图 2.2）。

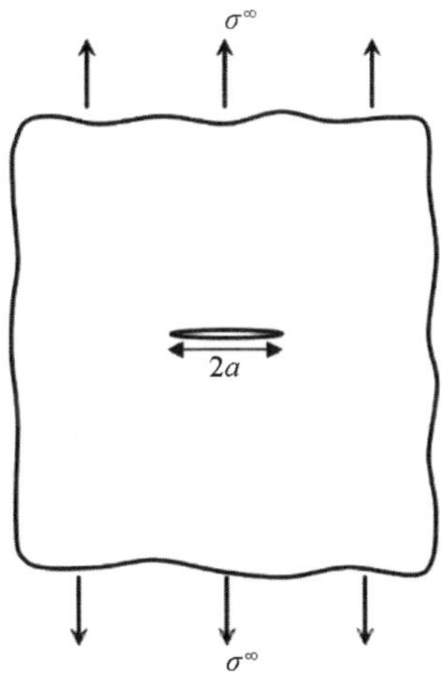

图 2.2　在施加远场应力 σ^∞ 作用下，含长度为 $2a$ 的中间裂纹的单位厚度无限薄板

为了估计裂纹扩展的应力，Griffith 认为该系统的总能量 U_{Total} 等于势能 U_{PE}与裂纹扩展产生两个新表面所做的功 W_S之和：

$$U_{\text{Total}} = U_{PE} + W_S \tag{2.5}$$

式中，势能为弹性存储能 U_ε减去所做功 W_D：

$$U_{PE} = U_\varepsilon - W_D \tag{2.6}$$

考虑固定位移情况，$W_D = 0$，势能等于应变能，$U_\varepsilon = -\sigma^2\ (\pi\, a^2)\ /E$，其中 E 为杨氏模量。新断裂面产生的相应能量为裂纹的长度 $2a$ 乘以 2（有两个裂纹表面），再乘以断裂面单位面积的表面能 γ_s，即$W_S \sim 4a\,\gamma_s$，其中 γ_s的量级通常为 1 J/m^2（硅表面能的实际值）。断裂的驱动力是应变能的释放，它必须不小于产生新裂纹表面所需的能量。这可以通过将总能量$U_{\text{Total}} = 4a\,\gamma_s - \sigma^2\ (\pi a^2)\ /E$ 对 a 求导得到，并将其设为零。因此当满足以下条件时将发生不稳定断裂：

$$\sigma^\infty = \sigma_F = \sqrt{\frac{2\,\gamma_s E}{\pi\, a_c}} \tag{2.7}$$

式中，σ^∞为施加远场应力。这是 Griffith 对理想弹性条件下材料实际断裂强度 σ_F的著名估计，值得注意的是，它不仅取决于施加的应力，还取决于预裂纹的存在和大小。因此，断裂的临界裂纹尺寸 a_c是裂纹在能量减小的情况下能够扩展的最小裂纹尺寸（图 2.3）。在 Griffith 理论中，中心有裂纹的单位厚度无限薄板的断裂总能量 U_{Total}表现为断裂释放的应变能 U_ε（驱动力）与产生新裂纹表面所需能量之间的竞争。因此，U_{Total}随裂纹尺寸 a 的变化而变化。在

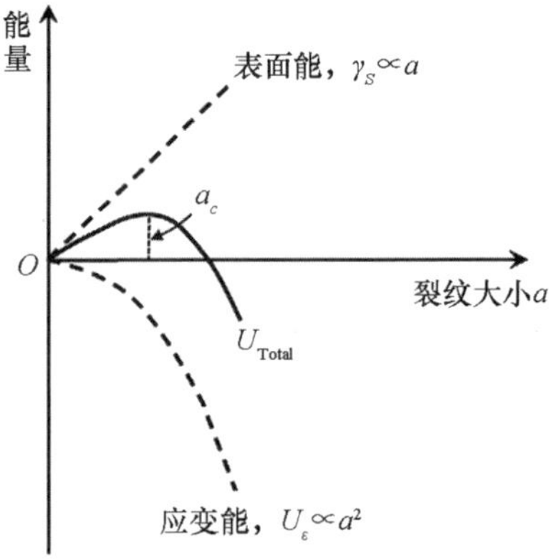

图 2.3 临界裂纹尺寸 a_c

临界裂纹尺寸 a_c 以上，断裂是自发的，即总能量没有进一步增加。

由于这是一个弹性理论，它不能考虑塑性变形所需的功（塑性功）。例如，对于塑性材料，可能涉及比 γ_s 大几个数量级的能量。因此，对于这类材料，Griffith 方程会严重低估材料的断裂强度。然而，可以认为 Griffith 方程是材料发生断裂的必要但不充分判据。

Irwin[3] 和 Orowan[4] 后来对 Griffith 方程（式 2.7）进行了修正，引入了塑性功项 γ_p，得到：

$$\sigma_F = \sqrt{\frac{2(\gamma_s + \gamma_p)E}{\pi a_c}} \tag{2.8}$$

但是，由于 $\gamma_p \gg \gamma_s$ 对所有延性材料都适用，因此当该关系基于理想弹性时，用包含较大塑性功项的方程来预测断裂强度似乎有些徒劳。

2.3　Orowan 方法

另一种估算实际断裂强度的方法（理想弹性）是后来提出的 Orowan 方法[5]，该方法在某些方面比 Griffith 方法更具洞察力。同样，考虑长度为 $2a$ 的内部裂纹，在单位厚度的无限薄板上施加应力 σ^∞，任何裂纹尖端的局部应力都可以估计为 $k_t\sigma^\infty$，其中 k_t 为应力集中系数（约为 $2\sqrt{a/\rho}$，ρ 为裂纹尖端的根部半径）。然后，Orowan 将这个局部应力等同于断裂时的理想内聚强度 σ_T，从而引出了下述表达：

$$\sigma^\infty = \sigma_F = \frac{\sigma^T}{2}\sqrt{\frac{\rho}{a}} \tag{2.9}$$

例如，在玻璃中，裂纹尺寸为微米数量级，而任何先前存在的裂纹的根部半径将是原子间距的数量级，即在纳米范围内，该理论预测其实际断裂强度将比理想的内聚强度低一个数量级左右。这些预测是贴近实际的，但 Orowan 模型是物理概念性的，如果没有先验知识，不知道固体中最坏情况预缺陷的方向、几何形状以及根部半径大小的话，这种方法将永远无法用于工程预测。

2.4 断裂力学理论的起源

早期用于预测断裂发生的定量方法同样是基于理想弹性——线弹性断裂力学（linear elastic fracture mechanics，LEFM）。主要有两个来源：

（1）Irwin[6]提出的能量方法，本质上是 Griffith 模型[2]的通用形式，但采用应变能释放率 G 作为裂纹驱动力，其中 G 定义为每单位裂纹面积增加的势能变化率；

（2）基于特征（或控制）参数的方法，如应力强度因子 K，采用这些全局参数“表征”裂纹尖端附近的局部应力场和位移场[7-10]。

许多研究人员认为这两种方法存在冲突，认为它们只是“平行宇宙”。例如，聚合物领域的学者似乎更喜欢采用 G 方法，而金属和陶瓷领域的学者总是采用 K 方法。虽然采用 G 方法可以更容易地分析混合模式条件下的裂纹扩展（如拉伸加剪切），但是我们认为，基于特征参数的断裂力学是一种更“真实”（因为没有更好的词）的方法；此外，它更适合与断裂机制相结合。因此，我们将首先阐述基于 K 为表征参数的线弹性断裂力学，然后再介绍基于 G 的线弹性断裂力学方法，尽管后者更自然地遵循了 Griffith 理论。

参考文献

[1] LENNARD-JONES J E. Cohesion[J]. Proceedings of the Physical Society, 1931,43(5): 461.

[2] GRIFFITH A A. The phenomena of rupture and flow in solids [J]. Philosophical Transactions of the Royal Society of London. Series A, Containing Papers of a Mathematical or Physical Character, 1920, 221 (582 - 593): 163 - 198.

[3] IRWIN G R. Fracture dynamics[M]//Fracture in Metals. Cleveland, OH: ASM, 1948: 147 - 166.

[4] OROWAN E. Notch, brittleness and the strength of metals[J]. Transactions

of the Institution of Engineers and Shipbuilders in Scotland, 1945, 89: 165 - 204.

[5] OROWAN E. Fracture and strength of solids [J]. Reports on Progress in Physics, 1949,12(1): 185.

[6] IRWIN G R. Onset of fast crack propagation in high strength steel and aluminum alloys [C]//Proceedings of the Sagamore Materials Research Conference, 1956: 289 - 305.

[7] WESTERGAARD H M. Bearing pressures and cracks: bearing pressures through a slightly waved surface or through a nearly flat part of a cylinder, and related problems of cracks[J]. Journal of Applied Mechanics, 1939, 6(2): 49 - 53.

[8] SNEDDON I N. The distribution of stress in the neighbourhood of a crack in an elastic solid[J]. Proceedings of the Royal Society of London. Series A. Mathematical and Physical Sciences, 1946,187(1009): 229 - 260.

[9] WILLIAMS M L. On the stress distribution at the base of a stationary crack [J]. Journal of Applied Mechanics, 1957,24(1): 109 - 114.

[10] IRWIN G R. Analysis of stresses and strains near the end of a crack traversing a plate[J]. Journal of Applied Mechanics, 1957,24(3): 361 - 364.

第 3 章　线弹性断裂力学

3.1　裂纹应力分析：Williams $1/\sqrt{r}$奇点和应力强度因子 K

3.1.1　裂纹尖端场

LEFM 和应力强度因子[1] K 的使用源于裂纹分析，用于定义尖锐裂纹前端局部应力场和位移场。在断裂力学正式发展之前，对于各向同性纯弹性体在静平衡状态下的裂纹，已经提出了几种解。值得注意的是，Westergaard[1]，Sneddon[2] 和 Williams[3] 的奇异解预测裂纹尖端应力将随 $1/\sqrt{r}$衰减，其中 r 为裂纹尖端前方的距离。使用图 3.1 定义的术语，在笛卡尔坐标系下，当 $r \to 0$ 时，这些解可以表示为：

$$\sigma_{ij} \to \frac{K}{\sqrt{2\pi r}} f_{ij}(\theta) \tag{3.1}$$

$$u_i \to \frac{K}{2E}\sqrt{\frac{r}{2\pi}} f_i(\theta) \tag{3.2}$$

式中，f_{ij}和f_i为裂纹平面倾斜度 θ（裂纹尖端正前方 $\theta=0$）的无量纲函数，如图 3.1 定义，E 为杨氏模量。K 为一个奇异的特征参数，不由场设定，但能唯

[1] 应力强度因子 K，或简称应力强度，其单位符号为 $F \cdot L^{-3/2}$（F 为力，L 为长度）。必须与应力集中因子区分开来，应力集中因子是缺口处最大应力除以名义应力的无量纲比。

一表征局部应力和位移值。注意，式（3.1）与式（3.2）中的完整表达式包含更高阶项，这些项由于足够小，一般（并非总是）可以忽略，因此可以说单参数 K 能够完全表征裂纹尖端的应力场和位移场。我们认为这个 K 是裂纹尖端场的奇异控制参数，即应力强度因子。为了与 Griffith 方法一致，施加远场应力 σ^{∞} 和裂纹尺寸 a，将其定义为：

$$K_i = \gamma\sigma^{\infty}\sqrt{\pi a} \tag{3.3}$$

式中，γ 为一个几何因子，通常是裂纹尺寸与试样宽度之比（a/W）的函数，根据裂纹位移或加载模式，i =1，2，3（图 3.2）。K 的单位符号通常是 MPa $\sqrt{\text{m}}$，对应的英制单位符号是 ksi $\sqrt{\text{in}}$，其中 1 ksi $\sqrt{\text{in}}$ = 1.099 MPa $\sqrt{\text{m}}$。

框 3.1

线弹性各向同性材料的裂纹尖端应力和位移场

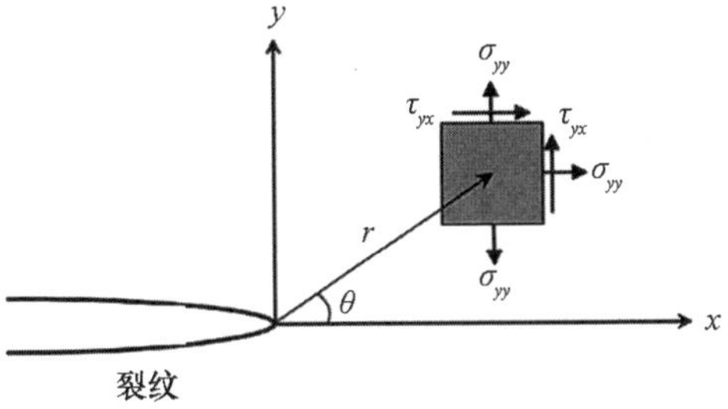

(a) 直角坐标下裂纹尖端前缘的应力命名定义

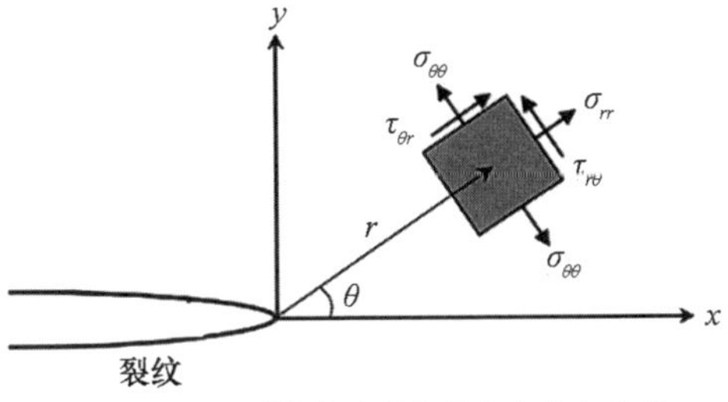

(b) 极坐标下裂纹尖端前缘的应力命名定义

框 3.1（续）

线弹性各向同性材料的裂纹尖端应力和位移场

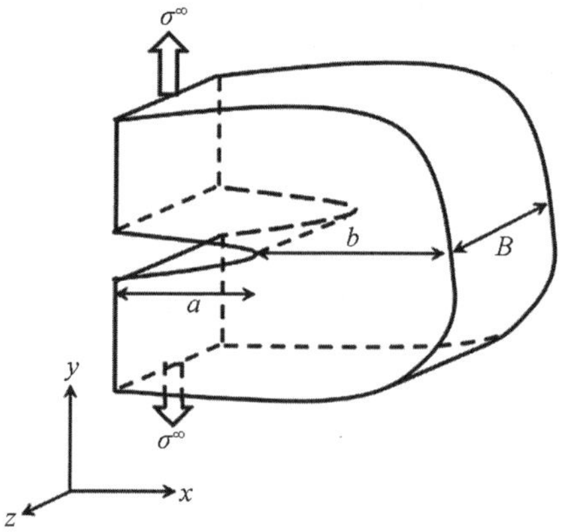

(c) 试样尺寸中裂纹长度a、剩余未开裂区b和厚度B的展示

图 3.1　裂纹的相关定义

对于模式Ⅰ、Ⅱ和Ⅲ，局部应力：

$$\sigma_{ij}=\frac{K_i}{\sqrt{2\pi r}}f_{ij}(\theta)+HOT \tag{3.4}$$

局部位移：

$$u_i=\frac{K_i}{2E}\left(\frac{r}{2\pi}\right)^{\frac{1}{2}}f_i(\theta)+HOT \tag{3.5}$$

式中，E 为杨氏模量，r 为裂纹尖端前方距离，f_{ij}（θ）和 f_i（θ）为裂纹尖端倾斜角度 θ 的函数，K_i为 i =1，2，3 模式下的应力强度因子，HOT 为高阶项。

对于模式Ⅰ（拉伸张开型）：

$$\sigma_{zz}=v(\sigma_{xx}+\sigma_{yy})=v(\sigma_{rr}+\sigma_{\theta\theta})\ [\text{平面应变}]\ =0\ [\text{平面应力}]$$

$$\sigma_{xz}=\sigma_{yz}=0=\sigma_{rz}=\sigma_{\theta z}$$

$$\begin{pmatrix}\sigma_{xx}\\ \sigma_{yy}\\ \sigma_{xy}\end{pmatrix}=\frac{K_{\mathrm{I}}}{\sqrt{2\pi r}}\begin{pmatrix}-\cos\left(\frac{\theta}{2}\right)\left[1-\sin\left(\frac{\theta}{2}\right)\sin\left(\frac{3\theta}{2}\right)\right]\\ \cos\left(\frac{\theta}{2}\right)\left[1+\sin\left(\frac{\theta}{2}\right)\sin\left(\frac{3\theta}{2}\right)\right]\\ \sin\left(\frac{\theta}{2}\right)\cos\left(\frac{\theta}{2}\right)\cos\left(\frac{3\theta}{2}\right)\end{pmatrix}$$

框 3.1（续）

线弹性各向同性材料的裂纹尖端应力和位移场

$$\begin{pmatrix}\sigma_{rr}\\ \sigma_{\theta\theta}\\ \sigma_{r\theta}\end{pmatrix}=\frac{K_{\mathrm{I}}}{\sqrt{2\pi r}}\begin{pmatrix}\cos\left(\frac{\theta}{2}\right)\left[1+\sin^2\left(\frac{\theta}{2}\right)\right]\\ \cos^3\left(\frac{\theta}{2}\right)\\ \sin\left(\frac{\theta}{2}\right)\cos^2\left(\frac{\theta}{2}\right)\end{pmatrix}$$

$$\begin{pmatrix}u_x\\ u_y\end{pmatrix}=\frac{K_{\mathrm{I}}}{2E}\left(\frac{r}{2\pi}\right)^{\frac{1}{2}}\begin{pmatrix}(1+v)\left[(2k-1)\cos\left(\frac{\theta}{2}\right)-\cos\left(\frac{3\theta}{2}\right)\right]\\ (1+v)\left[(2k-1)\sin\left(\frac{\theta}{2}\right)-\sin\left(\frac{3\theta}{2}\right)\right]\end{pmatrix}$$

$$\begin{pmatrix}u_r\\ u_\theta\end{pmatrix}=\frac{K_{\mathrm{I}}}{2E}\left(\frac{r}{2\pi}\right)^{\frac{1}{2}}\begin{pmatrix}(1+v)\left[(2k-1)\cos\left(\frac{\theta}{2}\right)-\cos\left(\frac{3\theta}{2}\right)\right]\\ -(1+v)\left[(2k-1)\sin\left(\frac{\theta}{2}\right)+\sin\left(\frac{3\theta}{2}\right)\right]\end{pmatrix}$$

式中，v 为泊松比，平面应变下 $k=3-4v$，平面应力下 $k=\frac{3-v}{1+v}$。

对于模式Ⅱ（面内剪切型）：

$$\sigma_{zz}=v(\sigma_{xx}+\sigma_{yy})\ [\text{平面应变}]\quad =0\ [\text{平面应力}]$$

$$\sigma_{xz}=\sigma_{yz}=0$$

$$\begin{pmatrix}\sigma_{xx}\\ \sigma_{yy}\\ \sigma_{zz}\end{pmatrix}=\frac{K_{\mathrm{II}}}{\sqrt{2\pi r}}\begin{pmatrix}-\sin\left(\frac{\theta}{2}\right)\left[2+\cos\left(\frac{\theta}{2}\right)\cos\left(\frac{3\theta}{2}\right)\right]\\ \sin\left(\frac{\theta}{2}\right)\cos\left(\frac{\theta}{2}\right)\cos\left(\frac{3\theta}{2}\right)\\ \cos\left(\frac{\theta}{2}\right)\left[1-\sin\left(\frac{\theta}{2}\right)\sin\left(\frac{3\theta}{2}\right)\right]\end{pmatrix}$$

$$\begin{pmatrix}u_x\\ u_y\end{pmatrix}=\frac{K_{\mathrm{II}}}{2E}\left(\frac{r}{2\pi}\right)^{\frac{1}{2}}\begin{pmatrix}(1+v)\left[(2k+3)\sin\left(\frac{\theta}{2}\right)-\sin\left(\frac{3\theta}{2}\right)\right]\\ -(1+v)\left[(2k+3)\cos\left(\frac{\theta}{2}\right)+\cos\left(\frac{3\theta}{2}\right)\right]\end{pmatrix}$$

框 3.1（续）

线弹性各向同性材料的裂纹尖端应力和位移场

对于模式Ⅲ（反平面剪切型）：

$$\begin{pmatrix} \sigma_{xz} \\ \sigma_{yz} \end{pmatrix} = \frac{K_{\mathrm{III}}}{\sqrt{2\pi r}} \begin{pmatrix} -\sin\left(\frac{\theta}{2}\right) \\ \cos\left(\frac{\theta}{2}\right) \end{pmatrix}, \quad \sigma_{xx} = \sigma_{yy} = \sigma_{xy} = 0$$

$$u_z = \frac{4K_{\mathrm{III}}}{E}\left(\frac{r}{2\pi}\right)^{\frac{1}{2}}\left[(1+v)\ \sin\left(\frac{\theta}{2}\right)\right], \quad u_x = u_y = 0$$

这些以 K 为特征的裂纹尖端奇异场的详细情况见框 3.1 所示。K 最常见的用法是用于拉伸张开的Ⅰ型裂纹。这通常是（并不总是）最坏的情况，因为这种模式的抗断裂能力经常是最低的。该方法也可用于面内剪切裂纹（Ⅱ型），其特征参数为 K_{II}，以及反平面剪切裂纹（Ⅲ型），其特征参数为 K_{III}。请注意，K_i的值由全局（外部）参数确定，这些参数可以很容易地测量，如几何形状、裂纹尺寸和施加的应力；然而，它控制着导致断裂的主要因素，即裂纹尖端局部应力和应变的大小和分布。

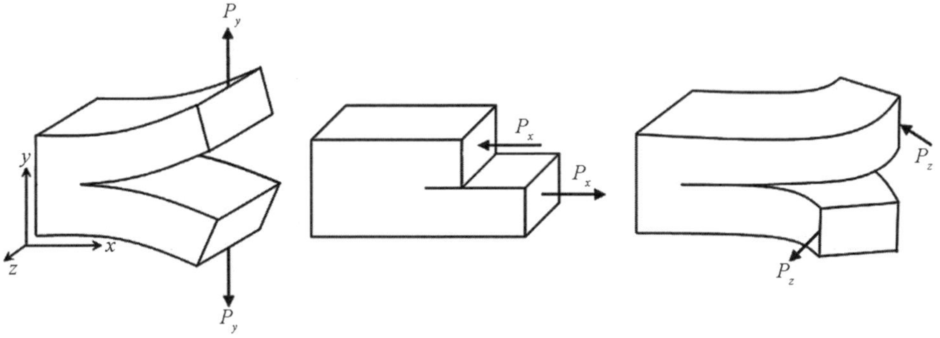

(a) 拉伸张开模式Ⅰ　　(b) 面内剪切模式Ⅱ　　(c) 反面或面外剪切模式III（图中裂纹面变形被夸大）

图 3.2　裂纹的三种基本加载模式

式（3.3）中的几何因子 γ，即所谓的 K 解，大多是用数值方法推导出来的，可以在一些手册中找到[4,5]。框 3.2 [2]中的图 3.3 给出了其中几种解。最后三种，即中间裂纹拉伸 MC（T），单边缺口（三点）弯曲 SE（B）和紧凑拉伸 C（T）试样，是 ASTM 标准 E1820 中用于 K_{Ic} 断裂韧性测量的三种几何形状。此外，由于它们是针对线弹性本构行为确定的，可以采用叠加原理计算涉及多组加载力的复杂加载情况下的 K 值。然而，虽然可以叠加相同模式的两个应力强度，但不能叠加混合模式的 K_S，如 K_I 和 K_{III}。这是特征参数方法的一个缺点，因为它不能直接处理这种并不罕见的混合模式的加载情况。对于这些情况，基于能量的 G 方法更适合。然而，在这个阶段，下面的大部分讨论都集中在最重要的模式 I 失效上。

这里有几个问题特别值得注意。首先，弹性裂纹尖端应力的解，即式（3.1）与式（3.2）具有奇异性，在裂纹尖端处拉伸张开应力变为无限大，即当 $r \to 0$ 时，$\sigma_{yy} \to \infty$。其次，实际的解是由一系列项表征的，但当 $r \to 0$ 时，通常能够忽略（但也不总是）这些解中所有的高阶项，这样由单个表征参数（在这种情况下是 K_i）控制的第一项占主导地位[3]；最后，这些解是平面场，如图 3.1 所示在 $x - y$ 平面上，它们定义了裂纹尖端 σ_{yy}、σ_{xx} 和 σ_{xy} 应力的弹性分布，但没有直接说明面外应力，如贯穿于样品厚度的应力 σ_{zz}。这些贯穿厚度的应力是由几何形状和变形条件确定的，它们的极值是平面应力与平面应变。这将在后续 3.4 节进行更详细的描述。

然而，对于给定的本构行为状态，如在本例中，对于 LEFM 的线弹性变形[4]，这样的 K 场是唯一的和自主的；局部弹性应力、应变和位移的分布是相同的（对于给定模式），只是幅值相差 K_i 的大小。这就产生了相似原理，即对于线弹性固体中的两个不同的裂纹，它们是否具有不同的尺寸，是否具有不同的几何形状，以及是否受到不同的外加应力，都无关紧要。在应力强度因子相同的情况下，裂纹尖端附近控制断裂的局部应力和位移也相同。

LEFM 代表了连续介质力学方法对断裂问题的预测能力，这些基于全局、各向同性和线弹性变形的解，同样可以适用于在役大型结构中的裂纹，以及

[2]请注意，由于对称性的考虑，在这些 K 解中，内部裂纹的长度为 $2a$，而表面裂纹的长度为 a。这意味着给定长度的表面裂纹的效力至少是相同尺寸的内部裂纹的两倍。

[3]具有讽刺意味的是，有人可能会说，这些奇异解在它们最不相关的地方是最准确的！

[4]在 LEFM 下，尽管整体（全局）变形是线弹性的，但一定程度的塑性肯定存在于局部，如在裂纹尖端。只要这种局部塑性的尺度小到可以忽略，线弹性分析就仍然是合理的。

实验室更小测试样品中的裂纹，给出每种情况的 K_i 场[5] 即可。但是，每种情况下都必须存在 K_i 场，这正是断裂力学被滥用的一个地方。基于这种考虑，最重要的问题是弹性应力在裂纹尖端 $r \to 0$ 时变得无限大。在现实中，这种情况不会发生，因为真正的裂纹具有有限的裂纹尖端半径，并且裂纹尖端会发生局部非弹性变形，如金属的塑性变形、聚合物的银纹开裂，以及负载下经历原位相变材料的相变塑性（例如，奥氏体不锈钢和超弹性 NiTi 合金[6]）。这种局部非弹性在裂纹尖端形成了所谓的塑性区[7-9]。

框 3.2

应力强度 K_I 解

无限体裂纹

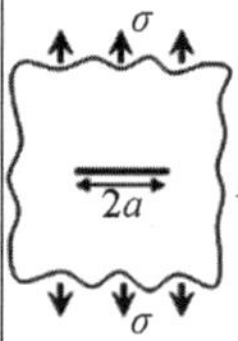

$K_1 = \sigma\sqrt{\pi a}$

半无限体边缘裂纹

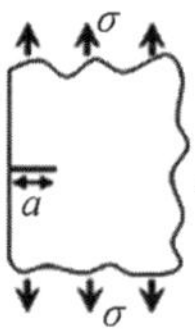

$K_1 = 1.12\sigma\sqrt{\pi a}$

线性变化应力作用下半无限体边缘裂纹

$K_1 = 0.683\sigma_{\max}\sqrt{\pi a}$

币形内部裂缝

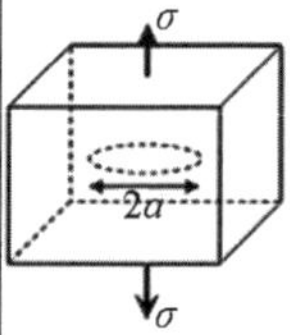

$K_1 = \frac{2}{\pi}\sigma\sqrt{\pi a}$

裂纹面加载的无限体裂纹

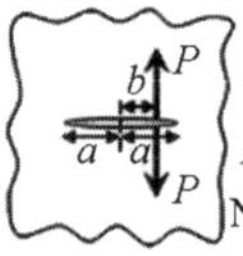

$K_1 = \frac{P}{\sqrt{\pi a}}\left(\frac{a+b}{a-b}\right)^{\frac{1}{2}}$

P：单位厚度的力

Note for $b=0$, $K_1 = \frac{P}{\sqrt{\pi a}}$

矩形截面杆的劈裂

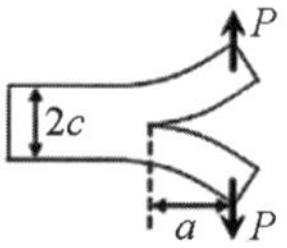

平面应力

$a \gg c$

$K_1 = 2\sqrt{3}\frac{Pa}{c^{\frac{3}{2}}}$

半无限体半椭圆（缩略图）裂纹

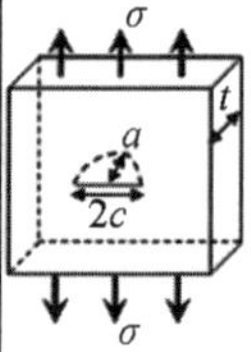

$K_1 = \frac{1.12\sigma\sqrt{\pi a}}{\Phi}$

其中

a/c	Φ	a/c	Φ
0	1.000	0.6	1.277
0.1	1.016	0.7	1.345
0.2	1.051	0.8	1.418
0.3	1.097	0.9	1.493
0.4	1.151	1.0	1.571
0.5	1.211		

或 $\Phi = \int_0^{\frac{\pi}{2}} [1 - \frac{(c^2 - a^2)}{c^2}\sin^2\theta]^{\frac{1}{2}} d\theta$

（第二类完全椭圆形积分）

其中，$a \ll c$，$a \ll t$，

$K_1 = 1.12\sigma\sqrt{\pi a}$

中间开裂拉力（中心开裂板）MC(T)试样

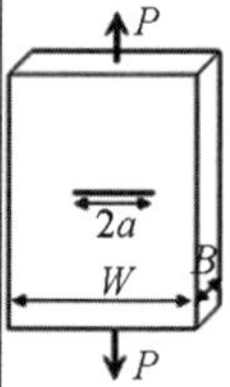

$K_1 = \frac{P}{B\sqrt{W}}\sqrt{\frac{\pi a}{4W}\sec\left(\frac{\pi a}{2W}\right)}\left[1 - 0.025\left(\frac{a}{W}\right)^2 + 0.06\left(\frac{a}{W}\right)^4\right]$

框 3.2（续）

应力强度 K_I 解

单边缺口弯曲试样[SE(B)]

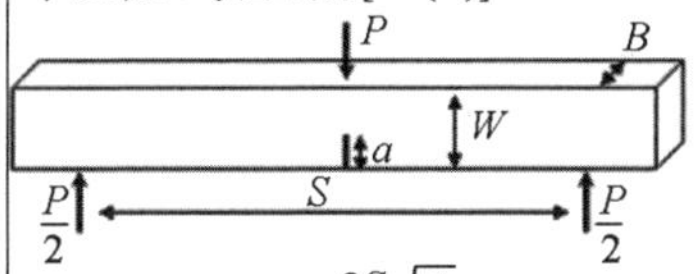

$$K_1 = \frac{P}{B\sqrt{W}} \cdot \frac{\frac{3S}{W}\sqrt{\frac{a}{W}}}{2\left(1+2\frac{a}{W}\right)\left(1-\frac{a}{W}\right)^{\frac{3}{2}}} \left\{1.99 - \frac{a}{W}\left(1-\frac{a}{W}\right)\left[2.15 - 3.93\frac{a}{W} - 2.7\left(\frac{a}{W}\right)^2\right]\right\}$$

紧凑拉伸C(T)试样

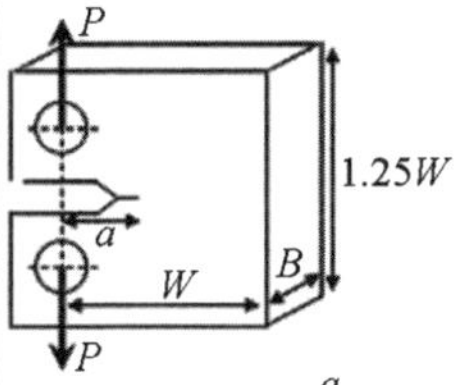

$$K_1 = \frac{P}{B\sqrt{W}} \cdot \frac{2+\frac{a}{W}}{1-\left(\frac{a}{W}\right)^{\frac{3}{2}}} \left[0.886 + 4.64\frac{a}{W} - 13.32\left(\frac{a}{W}\right)^2 + 14.72\left(\frac{a}{W}\right)^3 - 5.60\left(\frac{a}{W}\right)^4\right]$$

图 3.3　几种常见裂纹几何形状的应力强度 K_I 解

3.1.2　裂纹尖端应力三轴性

在处理局部塑性问题之前，需要考虑裂纹尖端的弹性应力状态。当弹性裂纹受到模式 I 拉伸载荷作用时，在裂纹尖端处会形成一个局部应力 σ_{yy}，由 Williams $1/\sqrt{r}$奇点（式 3.1）定义。然而，裂纹的正前方也形成了一个应力 σ_{xx}。该应力在自由表面的裂纹尖端处（$r \to 0$）为零，然后随着 r 的增加而上升，并在远离裂纹尖端处下降到一个低值（图 3.4）。平面应力条件下，形成的是双轴应力状态，$\sigma_{zz}=0$。然而在平面应变条件下，裂纹尖端附近产生三轴

[5]重要的是要记住，断裂力学主要适用于以自相似方式扩展的单一主裂纹情况。相反，某些形式的材料退化则涉及分布损伤，如蠕变变形下结构晶界处空穴的形成，飞机机身紧固件孔处微动损伤产生小裂纹，或复合材料中的纤维断裂。虽然这些机制最终会产生致命的裂纹，符合断裂力学分析，但由于这种广布破坏，结构可能会严重削弱和失效。在这些情况下，通常更合适的失效和寿命预测方法是损伤力学，如参考文献［10］所述。

应力状态。这种应力的来源可以通过考虑裂纹尖端前面的一系列无限小单元来设想。由于σ_{yy}的应力梯度，最接近尖端的单元将受到最大的应变（在y方向上）；随着r的增加，下一个单元的应变会减少一点，远离裂纹尖端的单元依此类推。然而，在弹性条件下，这些单元将在x方向上受到泊松收缩，尖端的第一个单元收缩最大，其次是下一个，依此类推。必须存在σ_{xx}应力以保持连续性，即防止这些单元界面分离，从而使材料表现得像一个连续体。

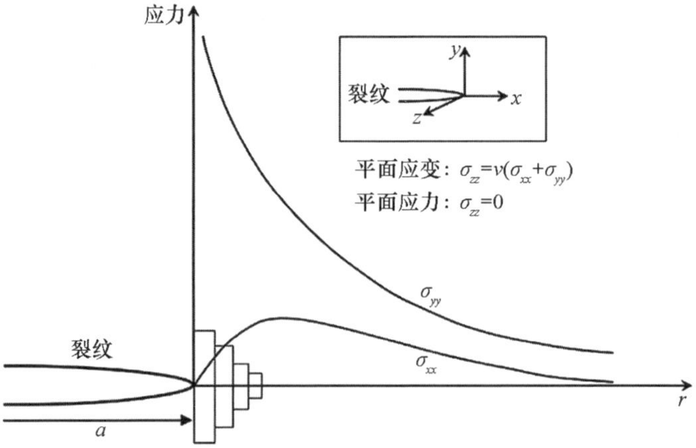

图 3.4　模式 Ⅰ 下加载裂纹尖端的弹性应力

在平面应力条件下，试样厚度$B\to 0$，贯穿厚度的σ_{zz}应力也为0。然而，在足够厚的样品中，应变不能通过厚度松弛，$\varepsilon_{zz}\to 0$，因此σ_{zz}将是有限的。在这种平面应变条件下，可以用胡克定律计算出σ_{zz}应力的值：

$$\varepsilon_{zz}=0=\frac{1}{E}[\sigma_{zz}-v(\sigma_{xx}+\sigma_{yy})] \tag{3.6}$$

从而有$\sigma_{zz}=v(\sigma_{xx}+\sigma_{yy})$。对于大多数金属，通常$v$约为0.3，在塑性条件下约为0.5，$\sigma_{zz}$的大小大致为$\sigma_{xx}$和$\sigma_{yy}$应力的平均值。在平面应变条件下建立了三轴应力状态，构成了裂纹尖端的弹性三轴应力场。

3.2　裂纹尖端塑性：塑性区尺寸

裂纹尖端存在的非弹性区，即塑性区（图 3.5），代表了对 LEFM 初始假设的“违反”，即主要的本构行为由线弹性控制。在这种基于裂纹尖端正前方的裂纹尖端应力（θ = 0）的简单推导中，塑性区在距离裂纹尖端 $r=r_y$ 处形成，该处局部裂纹尖端应力 σ_{yy} 超过屈服强度 σ_y。我们称这些区域为“破坏区”，它们基于一些不同的物理和数学原因，存在于除 LEFM 之外的许多类型的断裂力学形式中。然而，如果这个区域（在本例中是塑性区域）小到可以忽略，就可以采用 LEFM。那么，到底是多小才算小呢？由于 K_i 场是平面的，塑性区尺寸 r_y 至少应该比裂纹尺寸 a 和剩余未开裂尺寸 b 的面内尺寸小一个数量级［图 3.1（c）］。这被称为小尺度屈服状态（small-scale yielding，SSY），是符合 LEFM 和存在由单参数 K 控制的裂纹尖端场的强制性要求，即 K 主导的裂纹尖端情况。

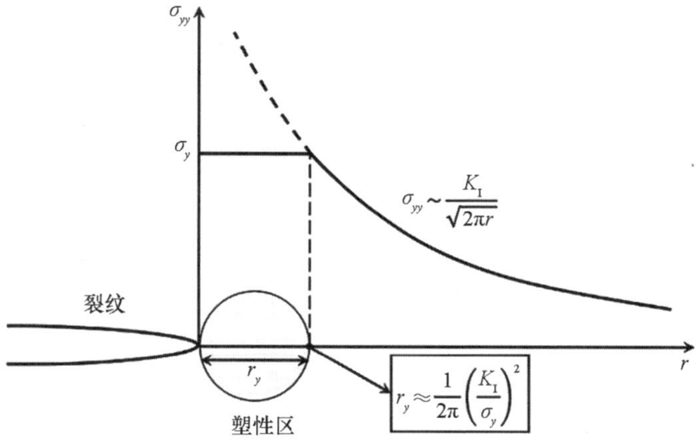

图 3.5 模式 Ⅰ 中裂纹尖端塑性区尺寸 r_y 的理想情况

塑性区的形状可能很复杂，通常具有蚕豆（狗骨）形状，这取决于它是 Ⅰ 型、Ⅱ 型还是 Ⅲ 型裂纹，以及是否存在平面应力或平面应变。然而，为了确定 SSY 是否适用，我们只需要知道 r_y 的估计值。可以在文献［7－9］中找到许多 r_y 的解，但是图 3.5 所示的 Ⅰ 型裂纹的近似解可以很容易地给出一个适用于大多数情况的值。当裂纹尖端正前方由 K_I 场主导的裂纹尖端应力 σ_{yy} 超过屈服强度 σ_y 时，塑性区就形成了。由于裂纹尖端应力 $\sigma_{yy}\sim K_I/\sqrt{2\pi r}$，其中 $\sigma_{yy}>\sigma_y$，于是有：

$$r=r_y\approx\frac{1}{2\pi}\left(\frac{K_I}{\sigma_y}\right)^2 \tag{3.7}$$

这是不完全正确的，因为它基于一个线弹性应力解，不应该简单地考虑裂纹尖端正前方 $\theta=0$ 处的条件，而应该考虑整个塑性区边界范围；此外，由于裂纹尖端的约束，裂纹尖端的屈服强度可能比传统测量的屈服强度 σ_y 高几倍（这可以根据应变硬化程度将有效屈服应力提高 3 ~5 倍，如果相信应变梯度塑性[11]的话，还可以提高更多）。然而，很明显，LEFM 的“违反区”的范围与 $(K_{\mathrm{I}}/\sigma_y)^2$ 成比例，同时，基于裂纹尖端 K 主导的 LEFM 方法要“有效”，必须存在一个 $r_y \ll a$，b 的 SSY。美国试验与材料学会（American society for testing and materials，ASTM）在断裂韧性测试标准 ASTM E399[12] 和 E1820[13] 中要求，要使 SSY 存在，a 和 b 的面内尺寸应超过 $2.5\ (K_{\mathrm{I}}/\sigma_y)^2$，根据式（3.7）中 r_y 的近似关系，塑性区尺寸约为裂纹长度和剩余未开裂尺寸的 1/15。

塑性区的精确形状取决于裂纹位移模式，即模式Ⅰ、Ⅱ或Ⅲ，无论是平面应力或平面应变状态，都取决于应变硬化的程度以及如何进行计算。文献中有许多在大小和形状上的细微差异[7-9,14]。基于 Von Mises 和 Tresca 屈服准则，图 3.6 给出了一组模式Ⅰ平面应力与平面应变状态下的塑性区实际尺寸和形状的估计值[14]。需要注意的是，如前面所述，这些塑性区域具有蚕豆形状。对于给定的 K 值，平面应力情况下的塑性区域要大得多，并且这在裂纹正前方（在 $\theta=0$ 处）特别明显。事实上，在非硬化塑性条件下，平面应变的塑性区前伸范围→0。它们在模式Ⅱ中有不同的形状，往往是拉长的花生形状，而在模式Ⅲ中，它们是球形的。在这两种情况下，裂纹尖端都在区域的中心。然而，在大多数情况下，是不需要知道塑料区的确切形状的；从断裂力学的角度来看，重要的是对于最常见的模式Ⅰ情况，该局部塑性区域与 $(K_{\mathrm{I}}/\sigma_y)^2$ 成比例，尺寸约为 $\frac{1}{2\pi}\left(\frac{K_{\mathrm{I}}}{\sigma_y}\right)^2$。

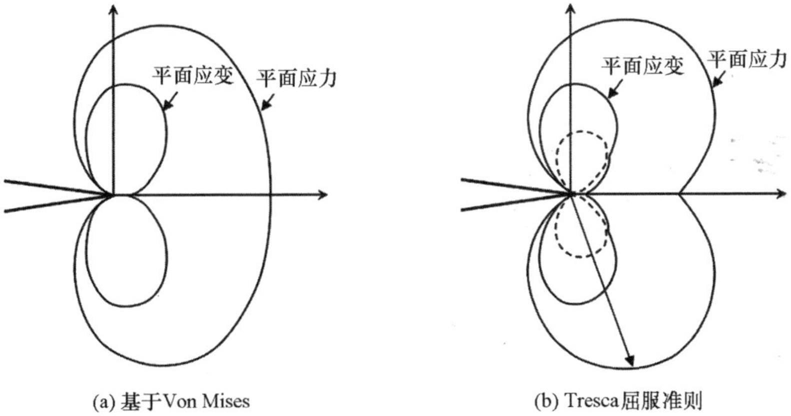

(a) 基于Von Mises　　(b) Tresca屈服准则

图 3.6　模式Ⅰ平面应力和平面应变条件下塑性区尺寸和形状的估计

3.3 LEFM 断裂标准

3.3.1 $K_{\mathrm{I}} = K_c$

定义裂纹尖端场和表征参数（如应力强度）的目的是最终推导出可用的断裂准则。问题是，断裂事件将以某种未确定的方式由裂纹尖端附近的局部应力和应变激发，并且随断裂机制而改变，如解理或微孔聚集。此处连续介质力学可以再次发挥作用，它可以产生一个独立于机制差异的全局断裂准则。进一步讲，实际的断裂事件是由局部应力和应变控制的，但对于给定的普遍变形模式（这里是线弹性形式），这些局部应力和应变本身是由应力强度 K 表征的，这是一个单一的全局参数（包括容易测量的因素，如施加应力、裂纹尺寸和样品几何形状）。如果这个定义局部应力和应变的 K 场高于发生临界断裂事件的裂纹尖端前尺寸，那么可以将应力强度的临界值 K_C 与断裂的发生相关联，即当 $K_{\mathrm{I}} = K_C$ 时断裂发生，其中 K_C 的值可以名义上等同于材料的断裂韧性。作为一个标准，这可能看起来有些"平淡无奇"，但它是基于断裂力学描述的最真实的表达。

为了使这个简单的 $K_{\mathrm{I}} = K_C$ 判据有意义，K 场必须存在并能合理地表征裂纹尖端的应力和应变分布。如上所述，这就要求满足 SSY 的试样尺寸要求，即塑性区足够小到可以忽略，$r_y \ll a$，b。尽管 K 场在塑性区内显然是不正确的，但在塑性区边界和区外，应力场和位移场完全受 K 的控制。如果不满足 SSY 准则，那么使用 LEFM 和 K 作为表征参数是不正确的，因为它不能表征裂纹尖端的应力和位移场。裂纹尖端场是由存在某种程度的非弹性确定的，必须采用非线弹性断裂力学（如第 4 章所述）。

3.3.2 平面应变断裂

还有另一个问题，那就是 K 场是平面的，它没有定义贯穿厚度 z 方向的应力和位移（图 3.1），这显然会影响断裂。σ_{zz} 应力在很大程度上取决于试样

厚度 B，特别是与塑性区的大小有关，两种极端情况为平面应力（$\sigma_{zz}=0$）和平面应变（$\varepsilon_{zz}=0$）。框 3.3 中的图 3.7 包含了平面应变与平面应力关于断裂的变形条件的描述，展示了莫尔圆、裂纹尖端应力和最大剪切面，以及由此产生的损伤和裂纹路径。需注意平面应变条件赋予裂纹尖端附近全应力三轴性。为了试验探究如何对韧性造成影响，早期关于应用 LEFM 的文章（如参考文献［15］）研究了断裂临界应力强度如何随试样厚度尺寸 B 的变化而变化。如图 3.8 所示，存在一个临界厚度 B_{crit}，与塑性区尺寸相比该临界厚度较大，但在该厚度下断裂韧性达到最小值，此后与 B 无关。这是达到平面应变的条件，使得裂纹尖端应力在大部分裂纹上保持完整的三轴性。试验测量的断裂韧性可以作为一个下限，称为平面应变断裂韧性 K_{Ic}。当 $B>B_{crit}$（其中 $B\gg r_y$），以平面应变条件为准。如果另外适用小尺度屈服状态（a，$b\gg r_y$），则该厚度以上的 K_c 值与平面应变断裂韧性 K_{Ic} 有关，K_{Ic} 应与裂纹尺寸、几何形

框 3.3

平面应变与平面应力条件

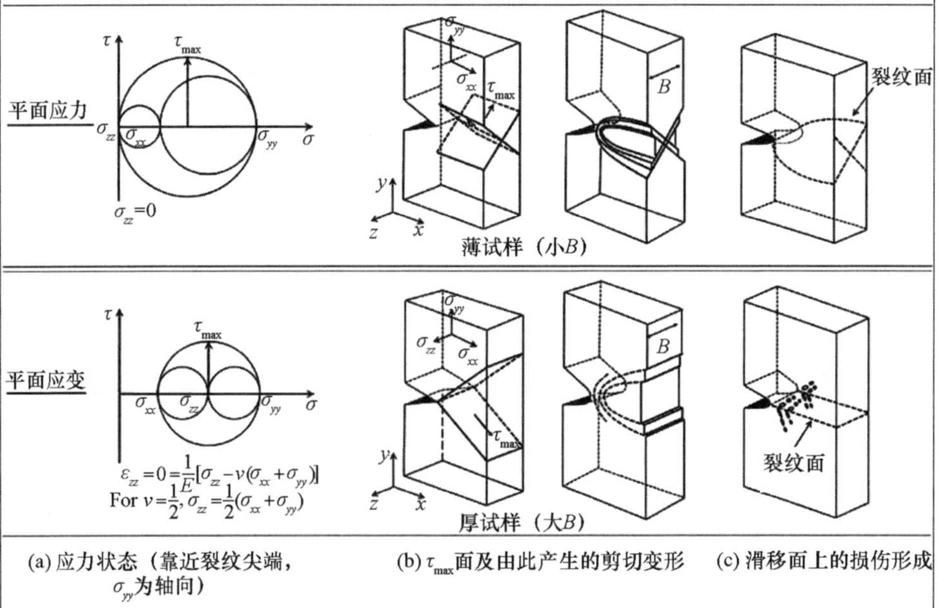

图 3.7　平面应力和平面应变变形状态的定义

状和厚度无关（假设 $B > B_{crit}$）。这种平面应变断裂名义上是平坦的。在较小的厚度下，平面应力倾斜断裂（剪切唇）的程度越来越大，并且产生的非平面应变 K_c 韧性值倾向于随着样品厚度的减小而逐渐增加，但假设韧性降低的非常薄的片材（$B \to 0$）除外。在韧性方面，K_{Ic} 是最接近于材料性能的，因为它与裂纹尺寸、几何形状和厚度无关（只要 $B > B_{crit}$）；它也可以被认为是基于 K 的韧性的真实下限。但要实现该值，必须同时满足 SSY（$r_y \ll a$，b）和大部分裂纹前缘满足平面应变（$r_y \ll B$）的条件。在 LEFM 断裂韧性测试 ASTM E399 标准[12]中，基本上将其表述为一个单一准则，用于测量“有效” K_{Ic}：

$$B,a,b > 2.5\left(\frac{K_{Ic}}{\sigma_y}\right)^2 \tag{3.8}$$

该标准中测量 K_{Ic} 的精确方法和附加准则在第 3.3.3 节中进行了总结。

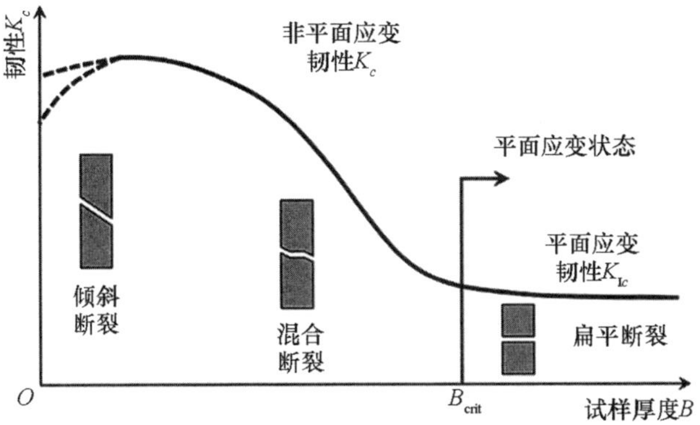

图 3.8　断裂韧性 K_c 随试样厚度尺寸 B 变化

3.3.3　平面应变断裂韧性 K_{Ic} 的测量

ASTM 标准 E399[12]详细介绍了通过平面应变断裂韧性试验测量 K_{Ic} 的方法。如果阅读这份标准，会发现它可能看起来像一个“偏执狂”的练习，有许多要求，这是因为它适用于各类材料。这里只简要概述重点。

首先，需要选择合适的测试试样。标准提供了中间裂纹拉伸 MC（T）、单边缺口弯曲 SE（B）或紧凑拉伸 C（T）试样的选择，后者有几种适用于杆和管的变体。图 3.3 给出了相关 K 解涉及的裂纹尺寸 a、试样宽度 W、厚度 B

的临界尺寸。理想情况下，为了同时满足 SSY 和平面应变准则[式(3.8)]，B，a 和 b 的大小应该大致相同；因此，$B \sim W/2$，起始裂纹长度为 $0.45 \leqslant a/W \leqslant 0.55$。后者需要是一个尖锐的疲劳预裂纹，满足有关应力强度的要求，即可以用来扩大这个裂纹，但不会产生太大的塑性区导致裂纹尖端过度钝化[6]。

然后加载样品，通常以要求的位移速率进行位移控制。作为典型的开口位移的函数，该位移可以通过安装在裂纹上的线性可变差动变压器（linear variable differential transformer，LVDT）或引伸计测量。实际位移不用于计算应力强度，但需要是线性的。其目的是确定裂纹萌生的条件，理想情况下与断裂失稳相吻合，可以分析如图 3.9 所示的三种载荷（P）－位移（δ）行为。在第一种情况下，载荷基本上呈线性上升，直到试样断裂，在这种情况下，裂纹萌生与失稳完全一致。可以采用相应的失效载荷 P_Q（等于最大载荷 P_{max}）与初始预裂纹长度 a，通过试验几何形状（图 3.3）的适当 K 解来计算临时韧性 K_Q。在第二种情况下，在 P_Q 处载荷出现“突跃”，表明在载荷开始以非线性方式再次上升之前，平面应变断裂爆发。这里的非线性被认为与稳定开裂有关，但也可能是由样品在 P_{max} 处不稳定破裂之前的塑性变形引起的。P_Q 的值再次用于计算临时韧性 K_Q。第三种情况通常是最常见的，即在 P_{max} 失稳发生之前没有明确的裂纹萌生迹象。为了估计 P_Q，ASTM 设计了一个可操

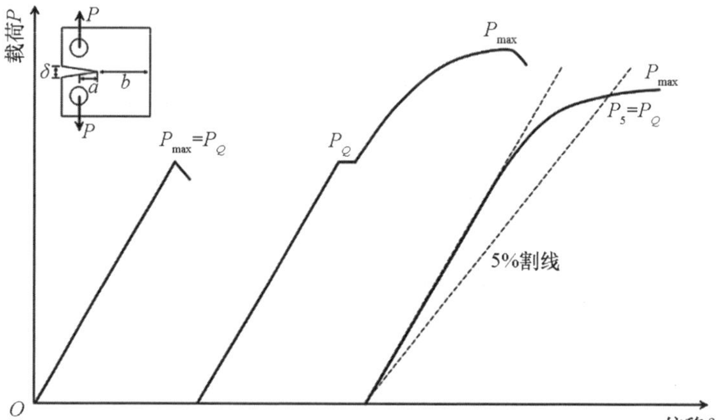

图 3.9　断裂韧性试验中用于测量 K_{Ic} 的不同类型载荷（P）－位移（δ）行为

[6]具体来说，疲劳预裂必须在 $R = P_{min}/P_{max} \sim 0.1$ 的载荷比下进行，疲劳循环中的最大应力强度最初为 $K_{max} \leqslant 70\%\ K_Q$，其中 K_Q 为临时断裂韧性，但在预裂长度的后半段，该应力强度必须降至约 $50\%\ K_Q$[12]。

作的定义（类似于 0.2% 塑性应变下的偏移屈服强度的定义），其中表征裂纹起裂的定义是在剩余未开裂尺寸上发生裂纹扩展超过 2% 时（$\Delta a = 0.02b$）。ASTM 估计，这样的裂纹扩展将导致塑性增加 5%（刚度降低），这与试样的几何形状无关。因此，图像上要求画一条与初始弹性线平行但斜率低 5% 的线（5% 割线），该线与载荷－位移曲线相交处定义为载荷 P_5，该载荷认定为 P_Q，以估计 K_Q 的值。

一旦用其中一种方法确定了 P_Q 并计算了临时韧性 K_Q，还要考虑这个 K_Q 值是否为实际的平面应变断裂韧性 K_{Ic}。这就是试样尺寸要求（有效性准则）发挥作用的地方，这些要求通常被忽视，但却是所有形式的断裂力学的基本特征。K_{I} 定义裂纹尖端的应力和位移，必须存在 SSY，即 $r_y \ll a$，b；此外，对于平面应变，则要满足 $r_y \ll B$。如上所述，ASTM 将其描述为单一准则，即 B，a，$b > 2.5\ (K_Q/\sigma_y)^2$，并额外要求 $P_{\max}/P_Q \leq 1.1$，可能是为了限制塑性程度和/或减缓裂纹扩展。如果满足这些准则，则 K_Q 的值即为 ASTM 所称的“有效”平面应变断裂韧性 K_{Ic}。

当样品厚度受到限制时，可以采用平面应变约束，即使用侧槽（图 3.10）的方法使得大部分裂纹前沿保持裂纹尖端应力的三轴性，通过限制表面平面应力区域剪切唇的形成，限制裂纹在试件中心隧穿。这往往会导致相对平直的裂纹前缘。通常，侧面开槽后的净厚度 B_N 应不小于 80% B；仍然可以使用相同的 K 解（如图 3.3 所示），但厚度 B 需替换为 $(B_N \cdot B)^{\frac{1}{2}}$。

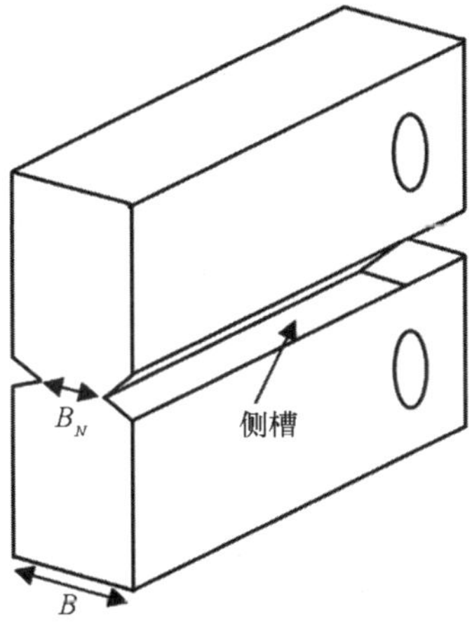

图 3.10　带侧槽的紧凑拉伸断裂试样

为了选择测试试样的尺寸，甚至疲劳预裂载荷，必须在开始之前知道答案，即必须估计预期的断裂韧性值。不幸的是，这是不可避免的，但是 LEFM 的尺寸要求可能非常严格。表 3.1 列出了几种材料（包括陶瓷和聚合物）的典型 K_{Ic}值以及获得有效结果所需的试样尺寸。上面描述的测试方法实际上适用于金属材料，陶瓷和聚合物的步骤没有太大区别。聚合物在韧性测量中确实存在一些独特的问题，感兴趣的读者可以查阅参考文献［16］了解一些细节。

表 3.1　结构材料的典型断裂韧性值、屈服强度、临界裂纹尺寸，以及使 K_{Ic}成为相关材料性能的尺寸要求总结

材料	杨氏模量 E/GPa	屈服强度 σ_y/MPa	平面应变断裂韧性 K_{Ic}/ MPa $\sqrt{m}$	当 $K_I = K_{Ic}$ 时的塑性区尺寸 r_y/ mm	满足 SSY 和平面应变条件的试样尺寸 B/mm	$\sigma = \sigma_y/2$ 时的临界裂纹尺寸 a_c/mm
NiCrMo 300M(Si－mod 4340)钢(200 ℃回火)	210	1700	60	0.2	3	1.5
NiCrMo 300M 钢(650 ℃回火)	210	1070	约 150	3	50	25
SA533B 低碳钢	210	500	245	40	600	300
2024－T3 Al－Cu 合金	70	515	28	0.5	7	4
7075－T6 Al－Zn－Mg 合金	70	515	28	0.5	7	4
Ti－6Al－4V 合金	140	850	120	3	50	25
Si_3N_4陶瓷	400	800	3～6	5×10^{-3}	0.1	0.04
碳化钨	410	900	10	20×10^{-3}	0.3	0.2
金刚石	1000	2800	3～7	6×10^{-4}	8×10^{-3}	4×10^{-3}
石墨烯	500	130000	3～4	1.2×10^{-7}	2×10^{-6}	1×10^{-6}
聚碳酸酯	2	70	3	0.3	5	2
人骨	15～25	约 100	3～8	0.5	8	4

单位换算（英制与国际单位制）：应力和模量 1 ksi＝6.895 MPa；应力强度1 ksi $\sqrt{in}$＝1.099MPa $\sqrt{m}$。

3.3.4 使用 K 作为结构断裂准则

K_{Ic}的使用在提供表征各种材料断裂韧性的材料参数方面发挥着重要作用，如表 3.1 所示，但它的另一个重要作用是预测实际结构的破坏。然而，要使其发挥作用，还需要考虑一些重要的问题。例如，总是存在“尺寸效应”的问题，即在实验室中通常采用手指或手大小的“试样”测试是否真正反映了实际结构，如飞机翼梁或厚截面压力容器。一个问题是，小试样的微观结构是否与大试样的微观结构相同。从统计学上讲，在较大的结构中，总是存在更多的瑕疵和缺陷的可能性，例如，预先存在的裂纹，如果试图采用光滑测试样品来预测何时可能失效，这些更小的实验室测试样品几乎肯定不会包含相同的缺陷分布或大小（Leonardo da Vinci 在 15 世纪证明了这一点，当时他发现长丝比相同直径的短丝承载的载荷小）。然而，这恰恰是断裂力学方法最有效的地方，因为它们需要采用尖锐的预裂纹试样，这将代表试样和结构的“最坏情况”。此外，在满足所有尺寸要求的情况下，如式（3.8）所示，使用 K 时，相似原理意味着断裂处的临界应力强度适用于结构中任何尺寸的裂纹。

然而，由于测试试样和结构将受到完全不同的外加（远场）应力，因此在试样和结构中裂纹尖端处相同的 SSY $K=K_c$失效准则，只有在 K 场有效并且可以叠加到远场（全局）应力场上的情况下才是真实的，K 场代表了裂纹尖端在 $r=r_K$半径上的局部应力和位移分布；此外，任何裂纹附近的应力和位移的实际分布必须用基于断裂事件尺度的 K 来表示，如图 3.11 所示，其中（a）表示在测试试样上测量，（b）表示在实际结构上，需要存在（c）有效的局部 K 场，以定义试样和实际结构中裂纹尖端的应力和位移。这可以在 K 场的范围 r_K 与裂纹尖端塑性区尺寸 r_y 相比较大，但与裂纹尺寸 a 和剩余未开裂尺寸 b 的平面内尺寸相比仍然较小的情况下实现（如果另外 $ry \ll B$，则平面外部件厚度、断裂处的临界应力强度 $K=K_{Ic}$也将与几何形状无关），尽管试样和实际结构中存在不同的远场应力场，（d）表示局部裂纹尖端 K 场可以叠加在这些整体应力上，并且如果它们超过断裂事件的尺寸，$K=K_C$ 或 K_{Ic}标准将类似地适用于试样和实际结构[17]。由于主要的变形机制是线弹性，裂纹尖端的 K 场是唯一的，它将适用于测试样品和结构，前提是它存在于与塑性区尺寸 r_y

（其中线性弹性显然不占优势）相比较大的尺寸，但与裂纹尺寸 a 以及剩余未开裂尺寸 b（K 场占优势）相比较小的尺寸。即 $r_y \ll r_K \ll a$，b。另外，如果 $r_y \ll r_K \ll B$，则适用于平面应变条件，并且可以使用 SSY $K = K_{Ic}$ 判据，K_{Ic} 的值与几何形状无关。

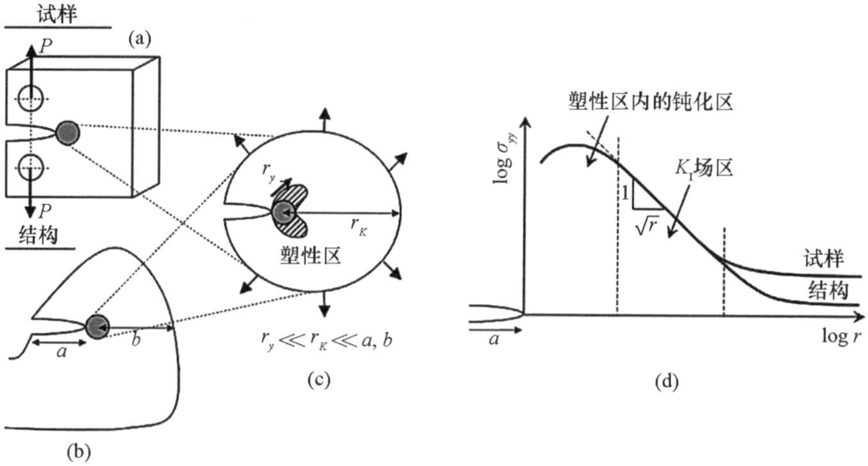

图 3.11　SSY $K = K_C$ 标准的应用

3.3.5　平坦与倾斜的断裂面

平面应变下的断裂名义上是平坦的。从图 3.7 的裂纹尖端应力莫尔圆图中可以看出这一点。对于模式 I 加载，裂纹尖端的最大局部（主）应力始终为 σ_{yy}。在平面应变约束下，贯穿厚度应变为零，如式（3.6）所示，贯穿厚度应力 σ_{zz} 的值介于 σ_{xx} 和 σ_{yy} 之间。由于 σ_{yy} 为最大主应力，σ_{xx} 为最小主应力，裂纹尖端的最大剪应力位于距 y 和 x 方向 45°（莫尔圆空间 90°）处；因此，裂纹尖端剪切将是平面内的，没有应变（应力松弛）沿厚度（平面应变约束）方向，产生的裂纹名义上在裂纹的平面内扩展，即如图 3.7 所示的平面断裂。相反，在平面应力条件下，贯穿厚度应力 σ_{zz} 为零，是最小的。裂纹尖端的最大剪切应力位于相对 y 和 z 轴 45°方向，这样剪切和随后的应力松弛可以沿厚度发生。这一过程从试样侧面（即剪切唇）开始，随着试样厚度的减小逐渐变大，最终形成完全倾斜断裂，如图 3.12 所示。贯穿厚度应力松弛引起平面应变约束的松弛，导致 K_C 韧性随试样厚度减小而逐渐增加。除了非常薄的试样，由于非常接近纯平面应力状态（$B \to 0$），其韧性降低的证据有限。对于感兴趣的读者，后一种薄试样现象在参考文献［18］中进行了介绍。

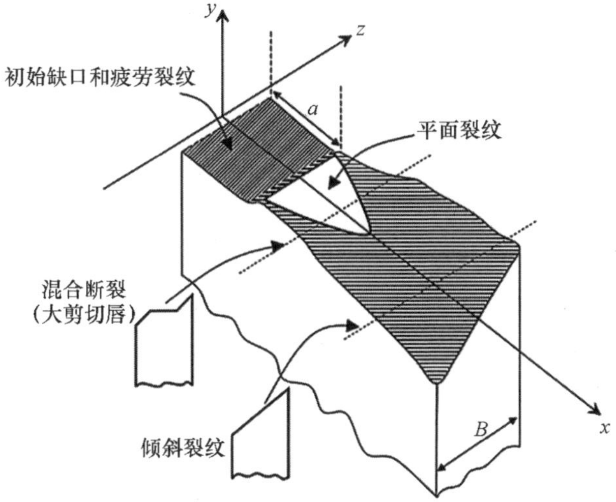

图 3.12　在初始平面应变平面断裂之后倾斜断裂的产生

3.3.6　非平面应变断裂

如上所述，从图 3.8 中可以看出，如果不满足平面应变要求，断裂（不稳定）的应力强度临界值 K_C 超过平面应变值 K_{Ic}，并且是厚度的函数。事实上，这种非平面应变断裂韧性（有时被错误地称为平面应力韧性[7]）不仅取决于厚度，而且是裂纹尺寸和几何形状的函数，这几乎不是材料特性！可以采用裂纹阻力曲线来处理裂纹尺寸的问题，如后面的第 3.5 节所述。但是，在非平面应变条件下，采用基于物理的模型预测试样厚度和几何形状如何定量影响 K_c 值，是根本不可行的。因此，从工程的角度来看，有必要针对面向应用的不同厚度试样进行 K_c 测量。同样，对于几何形状的问题，建议选择与应用最一致的几何形状，如果不可能，建议使用高约束的几何形状，如紧凑拉伸

[7] 当 $B \to 0$ 时，为平面应力状态。严格地讲，“平面应力韧性”适用于极薄平板的断裂韧性。

或弯曲样品，它们会产生最高的裂纹尖端应力三轴性，与约束较少的中心裂纹板 MC（T）形状相比，该形状往往会给出较低的测量结果。

然而，在表征非平面（或更准确地说，不完全）应变条件下的断裂韧性时，还存在另一个问题。到目前为止，对于由裂纹起裂韧性 K_{Ic}表征的 SSY/平面应变断裂，已经做出了一个默认的假设，即裂纹起裂与裂纹不稳定是同义词，一旦裂纹从起始缺口/裂纹起裂，它的扩展将是灾难性的，或者在一个不断减少的负载下是不稳定的（这是在 3.3.3 节描述的 K_{Ic} 测量标准中使用的 5% 割线工程近似的基础）。然而，随着全平面应变约束的松弛，塑性区尺寸，尤其是裂纹正前方的塑性区尺寸变得更大，正是这种局部塑性在裂纹产生后稳定了裂纹的扩展，即在断裂失稳之前，可以在一定程度上稳定（减缓）裂纹扩展。这意味着采用单值韧性表征材料的抗断裂性变得很困难，因为在裂纹萌生、裂纹扩展或不稳定时都存在抗断裂性。事实上，这是所有与 SSY 和平面应变无关的断裂问题。评估这些条件下的韧性涉及使用抗裂曲线或 *R* 曲线，将在第 3.5 节中对 SSY/非平面应变断裂进行描述，并在第 4.6 节中对非线弹性断裂力学领域中的非 SSY 断裂进行描述。

3.3.7　K_{Ic}的准确性

在进行讨论之前，有一个对准确性的简短结论——它是独立于测量误差或可变性的，对于给定的材料/微观结构，K_{Ic}值存在固有的不确定性，其数量级略小于 10%。这在很大程度上源于 ASTM E399[12] 规定的工程近似，用以定义裂纹萌生的开始，即 5% 割线表示剩余未开裂区 2% 的明显裂纹扩展（$\Delta a \sim 0.02b$）。回想一下局部裂纹尖端应力，例如 σ_{yy}，由式（3.1）与式（3.2）中 Williams 奇异解 $1/\sqrt{r}$中的第一项定义，即 $r \to 0$，K 才能表示裂纹尖端场的奇异特征。为了做到这一点，$1/\sqrt{r}$解中的所有高阶项都必须小到可以忽略。然而，当在有限 r 的裂纹尖端之前扩展时，高阶项变得更加相关，使得实际裂纹尖端应力将偏离 K 解的第一项所给出的应力。问题是，这种来自局部应力和位移的（第一项）K 场定义的偏离是试样几何形状的函数。例如，如果从式（3.1）与式（3.2）的完全展开中计算 σ_{yy}的真实值，并将其与仅由第一项 σ_{yy}（K）导出的值进行比较，对于紧凑拉伸 C（T）和单边缺口弯曲 SE（B）及拉伸 SE（T）几何形状，使用 σ_{yy}（K）得到的 σ_{yy}应力场误差将为正；对于中间裂纹拉伸 MC（T）该误差则为负，如图 3.13 所示。对于不同几何形状的试样，随着 r 的增加，与纯裂纹尖端 K 场的偏差在大小和符号上有显著差异[18]。这导致依照 ASTM 标准中规定的试样几何形状，使用其 5% 割线测量时，得出的 K_{Ic} 值有 7% 的变化。对于 T 型应力的讨论，将在第 4.7 节中进一步阐述。

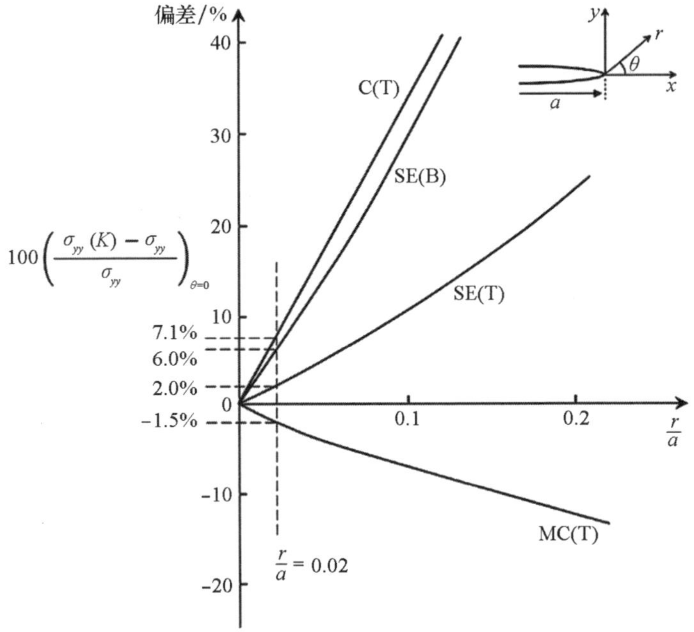

图 3.13　由式（3.1）与（3.2）中级数展开的第一项计算得到的裂纹尖端应力 σ_{yy} 与由全级数展开得到的裂纹尖端应力 σ_{yy}（K）对比的变化，以百分数表示，为 100［（σ_{yy}（K）$-\sigma_{yy}$）$/\sigma_{yy}$］$_{(\theta=0)}$，作为裂纹尖端前方距离的函数

3.3.8　K_{Ic}的相关性

就像屈服强度和抗拉强度一样，断裂韧性对于设计过程中材料的选择也很重要。在这方面，断裂力学三角形的概念（图 3.14）是有用的。断裂力学三角形，与施加应力 σ^{∞}（由构件的设计决定）、断裂韧性 K_c（由材料的选择决定）以及由此产生的临界裂纹尺寸 a_c（该构件在该应力水平下不破裂所能承受的最大裂纹）有关。正如 $K_{\mathrm{Ic}} \sim \gamma\sigma^{\infty}\sqrt{\pi a_c}$，由于部件的设计基本上会指定几何形状和施加应力 $\gamma\sigma^{\infty}$，而材料的选择将决定韧性 K_{Ic}（如果这是控制其断裂的适当参数），因此临界裂纹尺寸a_c将被决定，这是该部件在特定施加应力水平下可以承受的最大缺陷或裂纹，即

$$a_c \approx \frac{1}{\pi}\left(\frac{K_{\mathrm{Ic}}}{\gamma\sigma^{\infty}}\right)^2 \tag{3.9}$$

表 3.1 中列出了在施加应力 $\sigma_y/2$ 下估计得出的不同材料的a_c值。

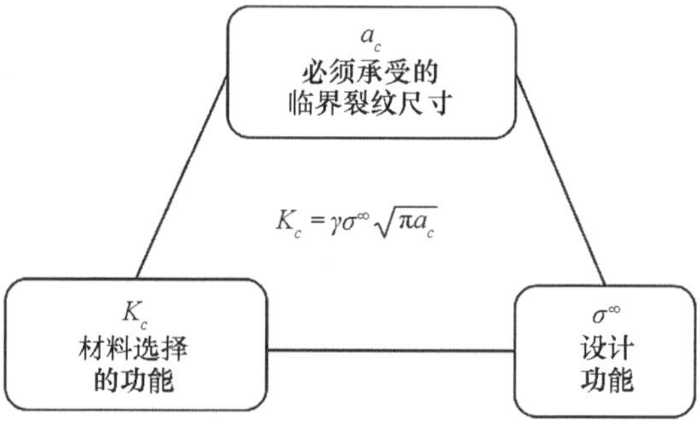

图 3.14　断裂力学三角形

临界裂纹尺寸是安全临界结构设计的一个重要参数，其中安全寿命取决于预先存在的缺陷通过亚临界裂纹扩展机制（如疲劳、环境诱发裂纹或蠕变）扩展到失效所需的时间，如 $K = K_c$或 K_{Ic}。由于这些亚临界开裂机制中的一种或多种在大多数结构中是不可避免的，因此用 a_c 值表示必须检测到的缺陷的大小，以防止发生灾难性的破坏。在商用飞机的铝制机身中，a_c可以是几分之一米的数量级，而在军用喷气发动机的涡轮叶片中，a_c可以明显更小，甚至在毫米范围内。这使得部件的周期性无损评估（non-destructive evaluation，NDE）能够检测初始裂纹，特别是重要的关键安全应用，如航空航天和核结构，NDE 至关重要。这也是为什么单相陶瓷不被用作燃气涡轮部件，虽然它们具有高强度、轻量化和优异的耐高温性能，但测得的临界裂纹尺寸只有几十微米，并且对应力高度敏感（参见第 7.4 节）。

由于与裂纹尺寸和几何形状无关（在平面应变条件下），K_{Ic}值可以作为一种材料性能来比较不同材料的相对抗断裂能力，如表 3.1 所示。然而更重要的问题是，对于给定应用情况中的材料部件，K_{Ic}（或等效 $K_{\mathrm{II}c}$和 $K_{\mathrm{III}c}$）是否真的有用，或者说是否相关。例如，对于表 3.1 中列出的超高强度（1700 MPa）、

淬火和 200℃回火的 Si-mod 4340 钢，K_{Ic}适用于所有大于几毫米的截面尺寸；该马氏体钢的一个应用是飞机起落架，其 K_{Ic}值约为 60 MPa $\sqrt{m}$，是一个相关参数，可进一步在实验室中轻松测量。相比之下，低强度（500 MPa）、低碳钢（SA533B）的 K_{Ic}值超过 200 MPa $\sqrt{m}$，这意味着只有在截面尺寸大于 0.6 m 时才能满足 SSY/平面应变条件，这可能与它作为厚截面核压力容器钢的主要用途有关，但世界上很少有实验室能够测试如此大的试样（顺便说一句，如第 4 章所述，这是发展非线弹性断裂力学的主要动机）。最后，固溶处理和老化的铝合金，如 2024 和 7075，截面尺寸需要在几十毫米范围内，以达到 SSY/平面应变条件。这些合金的主要用途是作为商用飞机的机身，通常只有几毫米厚。因此，在这种重要的应用中，K_{Ic}根本不是定义其断裂阻力的相关参数（除了可能作为下限）。

K_{Ic}值的有效性是通过具有满足名义弹性条件的小塑性区来实现的，这仅在低韧性或高强度材料中才能实现，该特性使得美国空军的 Joe Gallagher 引用了一句滑稽而广为人知的名言，大意是如果你可以通过 K_{Ic}明确表征某种材料的断裂韧性，那么你可能不想使用该材料！

3.4　基于 *G* 的能量法

3.4.1　*G* 的定义

除了上述基于 *K* 的表征参数方法，还有一种 LEFM 方法，它为断裂提供了一种基于能量的方法。它由 George R. Irwin[8][19] 首次提出，名义上与 Griffith 准则［式（3.10）］相当（尽管远没有那么严格）。它涉及应变能释放率 *G* 的概念，在断裂开始时，*G* 超过了临界值，$G = G_c$。对于有裂纹的线弹性体，定义

[8] George R. Irwin 被公认为“断裂力学之父”。他在 20 世纪 50 年代中期提出了基于 *G* 的方法，而当时基于 *K* 的方法在苏联很受欢迎。这两种形式的 LEFM 是完全互补的，并且在今天仍被广泛使用。金属和陶瓷的断裂总是采用基于 *K* 的方法，而聚合物（以及混合模式）领域通常更喜欢使用 *G*。*G* 使用斜体最初是由 George R. Irwin 提出的，并一直沿用至今。

G 为单位裂纹面积 A 增加的势能 U_{PE}变化率，即

$$G = -\frac{\mathrm{d}U_{PE}}{\mathrm{d}A} \tag{3.10}$$

式中，U_{PE}可以用存储的应变能 U_ε和外力 P 所做的功 W_D来定义：

$$U_{PE} = U_\varepsilon - W_D \tag{3.11}$$

为了计算 G，考虑一块厚度为 B 的板，它包含一条长度为 a 的边缘裂纹，受到位移或载荷控制。对于固定位移 Δ [图 3.15 (a)]，所做功为 0，即 $W_D = 0$，有：

$$U_{PE} = U_\varepsilon = \int_0^P \Delta \mathrm{d}P = \frac{\Delta P}{2} \tag{3.12}$$

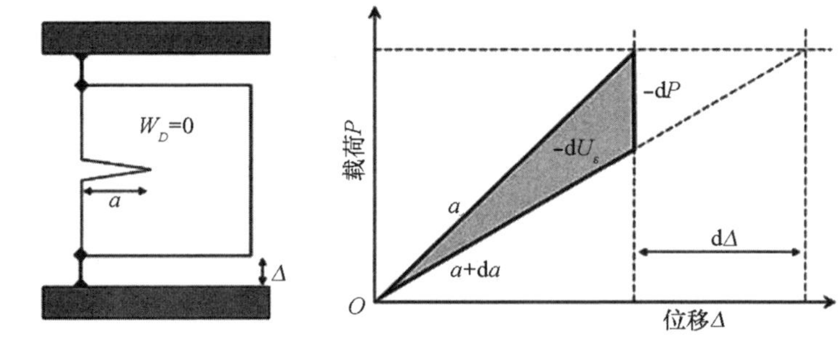

(a) 固定位移

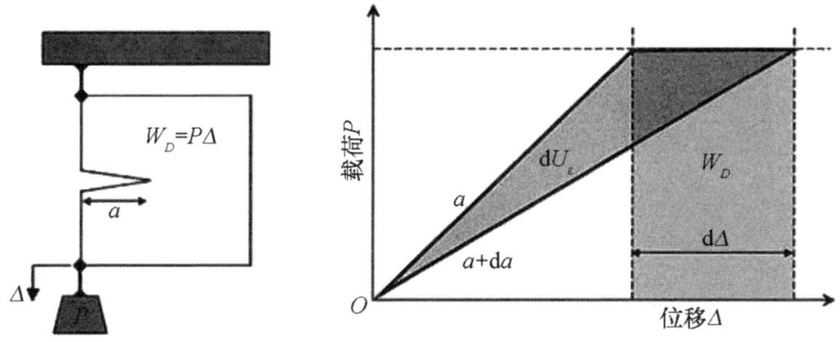

(b) 固定载荷

图 3.15　含长度为 a 的裂纹的线弹性板受固定位移 Δ 和固定载荷 P 的“加载”情况

使得应变能释放率为：

$$G = -\frac{1}{B}\left(\frac{\mathrm{d}U_{PE}}{\mathrm{d}a}\right)_\Delta = -\frac{\Delta}{2B}\left(\frac{\mathrm{d}P}{\mathrm{d}a}\right)_\Delta = -\frac{P^2}{2B}\left(\frac{\mathrm{d}C}{\mathrm{d}a}\right)_\Delta \tag{3.13}$$

式中，C 为试样柔度（刚度的倒数），$C=\Delta/P$。注意，随着裂纹扩展，在固定位移下，净应变能减小。

在载荷控制下得到了一个基本相同的结果。如果板承受固定载荷 P［图 3.15（b）］，所做的功将是有限的，因此 W_D 和 U_ε 为：

$$W_D = P\Delta, U_\varepsilon = \int_0^\Delta P\mathrm{d}\Delta = \frac{P\Delta}{2} \tag{3.14}$$

由式（3.12）可知，$U_{PE}=-P\Delta/2=-U_\varepsilon$，$G$ 为：

$$G=\frac{1}{B}\left(\frac{\mathrm{d}U_\varepsilon}{\mathrm{d}a}\right)_P=\frac{P}{2B}\left(\frac{\mathrm{d}\Delta}{\mathrm{d}a}\right)_P=\frac{P^2}{2B}\left(\frac{\mathrm{d}C}{\mathrm{d}a}\right)_P \tag{3.15}$$

裂纹扩展 $\mathrm{d}a$ 导致应变能增加。比较式（3.13）和（3.15）可以看出，在位移或载荷控制下，应变能释放率 G 是相同的，只是符号和增量 $\frac{1}{2}\mathrm{d}P\mathrm{d}\Delta$ 不同。

在断裂力学的早期，式（3.13）和式（3.15）用于试验确定 G 解，以校准用于断裂韧性测量的各种几何形状；该过程包括扩展裂纹并监测每次裂纹增加后的荷载－位移关系，以确定柔度如何随裂纹尺寸（$\mathrm{d}C/\mathrm{d}a$）改变。

3.4.2　表征参数与能量释放率法

有两种看似不同的方法来表征弹性体裂纹扩展：一是基于 K 的特征参数方法，应力强度用于定义裂纹尖端附近的局部应力场和位移场；二是基于 G 的能量法，确定了总体应变能释放率，定义随裂纹扩展的势能净变化。然而，George R. Irwin 通过一个非常聪明的理论实验[20]，证明这两个参数是密切相关的。对于长度为 $a+\Delta a$ 的 Ⅰ 型裂纹，施加一个压缩力使裂纹闭合到长度为 a，计算出所做功的能量释放率 G。从裂纹张开位移的变化，能够推断出原始裂纹尖端的 K_{I}。通过比较这两种情况，能够证明对于模式Ⅰ，有：

$$G=\frac{K_{\mathrm{I}}^2}{E'} \tag{3.16}$$

式中，$E'=E$（平面应力，E 为杨氏模量），$E'=\frac{E}{1-\nu^2}$（平面应变，ν 为泊松比）。

通过考虑所有三种模式的裂纹位移，G 与 K_{I}、K_{II} 和 K_{III} 之间的一般关系可以类似地确定，与 E' 和剪切模量 μ 相关：

$$G = \frac{K_{\mathrm{I}}^2}{E'} + \frac{K_{\mathrm{II}}^2}{E'} + \frac{K_{\mathrm{III}}^2}{2\mu} \tag{3.17}$$

这些等效方程不仅对 G 到 K_i 值的转换很重要，而且对多轴加载也很重要，其中 G 可以用作混合模式的裂纹驱动力。这将在第 3.6 节混合模式断裂中进一步讨论。

3.5　抗裂 R 曲线

如第 3.3 节所述，SSY 和平面应变条件下的断裂往往涉及裂纹萌生时或萌生后即刻的断裂不稳定性。然而，随着平面应变约束的松弛，当几何形状较薄接近平面应力条件时，裂纹尖端塑性程度的增加倾向于使裂纹稳定，从而在断裂不稳定之前发生稳定的裂纹扩展。平面应变或平面应力中的非 SSY（非线弹性）条件也是如此，相应的局部塑性程度甚至更大。这种行为可以用抗裂性曲线或 R 曲线来描述。

那么什么是 R 曲线呢？首先考虑一个简单的中心裂纹板，其中包含一条长度为 $2a$ 的中间裂纹，施加拉应力 σ^{∞} ［图 3.16（a）］。为简单起见，将假设无限板，满足 SSY 但在非平面应变条件下：

$$K_{\mathrm{I}} = \sigma^{\infty}\sqrt{\pi a}, G = \frac{K_{\mathrm{I}}^2}{E} = \frac{(\sigma^{\infty})^2 \pi a}{E} \tag{3.18}$$

相应的荷载－位移（$P-\Delta$）曲线如图 3.16（b）所示，很明显加载线是非线性的，即在较大的 Δ 处偏离线弹性加载线（虚线）。通过检查卸载曲线，可以看出非线性的原因：卸载路径 1 表示 100% 的裂纹扩展，卸载路径 2 表示 100% 的塑性变形。这种非线性有两个可能的原因——稳定的裂纹扩展和/或局部塑性，这可以通过卸载来推导（当然，卸载总是弹性的）。卸载路径①是由于裂纹扩展：卸载斜率的倒数（材料的柔度）越大，意味着裂纹越长，卸载曲线返回原点，意味着没有由于塑性产生的残余应变。相反，卸载路径②纯粹是由于塑性，卸载和加载斜率是相同的，这意味着柔度和裂纹尺寸不变，但在零载荷下存在残余应变，这意味着有塑性变形。当考虑小规模屈服的情况时，必须假设这种情况下的非线性主要是由稳定的裂纹扩展造成的。

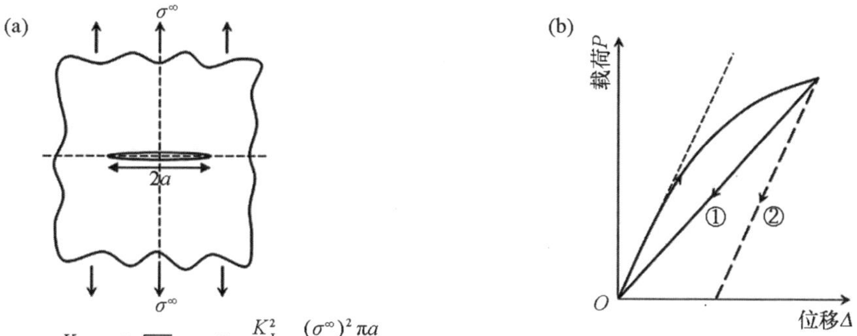

$$K_{\mathrm{I}} = \sigma^{\infty}\sqrt{\pi a};\qquad G = \frac{K_{\mathrm{I}}^2}{E} = \frac{(\sigma^{\infty})^2 \pi a}{E}$$

图 3.16　(a) 中心裂纹板 MC (T) 样品在 SSY 但非平面应变的条件下在拉力下加载，以及 (b) 产生的非线性载荷 - 位移曲线

根据载荷 - 位移曲线，可知道每个点的载荷和裂纹尺寸（即初始裂纹尺寸 a_0，以及任何稳定的裂纹扩展 Δa），可以计算 LEFM“裂纹驱动力”，例如施加的 G 或 K_{I}，与裂纹尺寸 $a = a_0 + \Delta a$ 相关[9]。在本例中，将使用 G（因为它使作图更容易）。图 3.17 给出了 $G - R$ 曲线，它显示了确定 G_c 处断裂不稳定性的作图过程，代表了一种抗裂性的度量，G_R（有时简称为 R）是裂纹扩展的

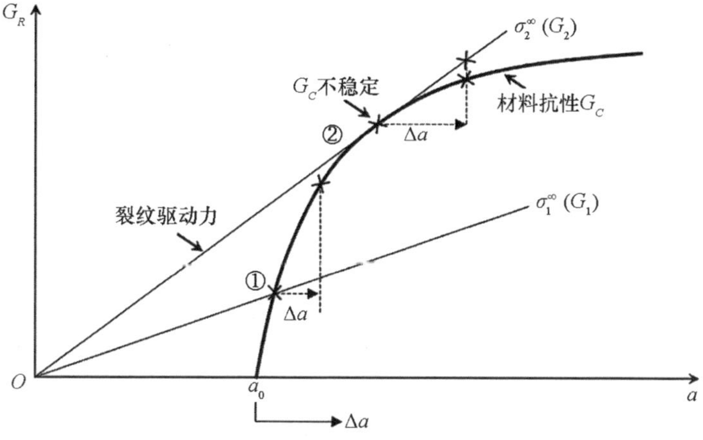

图 3.17　G_R (Δa) 抗裂 R 曲线

[9]尽管在 LEFM 中，使用 K_{I} 或 G 作为抗裂性的裂纹驱动力，但在非线弹性断裂力学中，也使用相同的方法来绘制 R 曲线，但以 J 积分或 CTOD 作为特征参数。第 4 章和第 5 章分别对此进行了描述。

函数。然而，在 SSY/平面应变中，可以测量单个值参数来定义断裂阻力——G_{Ic}或 K_{Ic}（取决于如何计算）。在非平面应变条件下，定义材料断裂阻力的是整个 R 曲线 G_R（Δa）或 K_R（Δa）。

但它是如何工作的呢？对于 SSY/平面应变条件，对试样施加应力 σ^∞，并计算施加的裂纹驱动力 G 或 K_I，如果它超过断裂韧性 G_{Ic}或 K_{Ic}，则材料不稳定断裂，如第 3.3 节所述。当将 G 或 K_I施加于试样时，根据式（3.18），是一条来自原点的线；对于图 3.17 中的 $G-R$ 曲线，是一条直线 $G=\{(\sigma^\infty)^2\pi a\}/E$。如果施加一个初始（远场）应力$\sigma_1^\infty$，相当于施加驱动力 G_1，它将在点①与 R 曲线相交，$G=G_R$，因此在该应力下，裂纹将生长。如果它扩展了 Δa，然后检查所施加的 G 和 G_R的大小，很明显 $G<G_R$，意味着裂纹将需要额外的应力（以及 G）才能前进，即它可以稳定地生长。因此，对于稳定的裂纹扩展有：

$$G=G_R,\ \frac{dG}{da}\leqslant\frac{dG_R}{da} \tag{3.19}$$

进一步增加应力，直到表征σ_2^∞的线在点②与 G_R曲线相切处相交；如果裂纹扩展 Δa，$G>G_R$，意味着裂纹不需要增加驱动力来扩展，裂纹将不稳定扩展。因此，非平面应变断裂韧性 G_c（或等效 K_c）定义为断裂不稳定性，当：

$$\frac{dG}{da}>\frac{dG_R}{da} \tag{3.20}$$

现在的问题是，这种 SSY/非平面应变断裂韧性 G_c（或等效 K_c）是否为一种材料属性。如第 3.3 节所述，SSY/平面应变 G_{Ic}或 K_{Ic}值与裂纹尺寸、几何形状和样品厚度无关（前提是平面应变约束占主导地位），但不幸的是，SSY/非平面应变 G_c或 K_c值并非如此。

那么，依次考虑这些因素中的每一个，裂纹尺寸的影响将如何？图 3.18 展示了平面应变（a）和非平面应变（b）的 SSY R 曲线。首先要注意的是，R 曲线在一个特定的初始裂纹尺寸（如 a_1）处测量，然后转移到另一个初始裂纹尺寸，这里是 a_2。这是因为 R 曲线不取决于裂纹尺寸 a，而是取决于裂纹扩展的程度 Δa。这就是为什么它们被称为 G_R（Δa）或 K_R（Δa）。造成这种情况的原因很复杂，但在金属材料中，从机理上讲是因为塑性是稳定裂纹扩展的主要因素，尤其是当裂纹扩展并留下塑性区时[10]。

[10]为了简单地解释这一点，在线弹性变形条件下，裂纹尖端前方的应变分布与 $1/\sqrt{r}$成比例，其中 r 是裂纹尖端前方距离[3][式(3.1)]。然而，在塑性区内，非线弹性解给出了

裂纹尖端之前的局部应变分布，近似与 $1/r$ 成比例[21-22]。这两种解都适用于没有塑性尾流的静态裂纹。如果对实际移动并在其尾流中留下塑性区痕迹的非稳态裂纹，分析其塑性裂纹尖端场，则局部应变分布甚至较弱，与 $\ln(1/r)$ 成比例[23]。这意味着，当裂纹以恒定的驱动力（G 或 K_i）扩展时，由于尾流塑性，裂纹尖端附近的局部应变减小；因此，为了维持裂纹扩展，必须增加驱动力，这导致了 R 曲线上升，如图 3.17 和 3.18（b）所示。

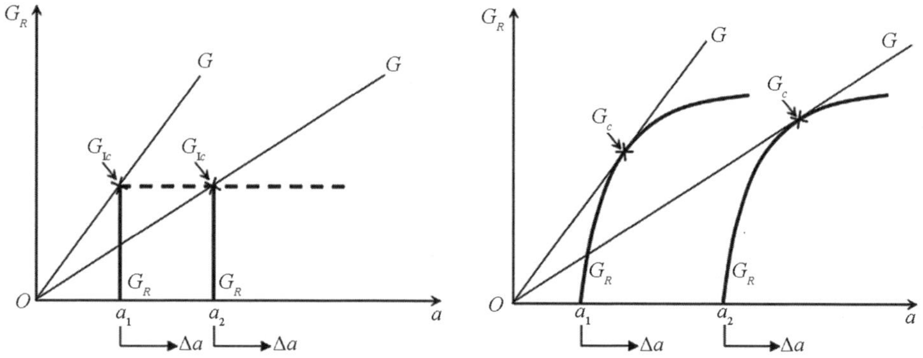

(a) 平面应变情况，不稳定断裂时的 G_c 与裂纹尺寸无关

(b) 非平面应变情况，G_c 是裂纹尺寸 a 的函数

图 3.18　小尺度屈服下 R 曲线

假设 R 曲线是一个常量，可以移动到任何特定的初始裂纹尺寸，观察图 3.18（a）中 SSY/平面应变条件下的 R 曲线，其中裂纹不稳定发生在裂纹萌生时，没有显著的稳定开裂，可以发现 $G = G_{Ic}$（或 $K = K_{Ic}$）处的切点总是相同的，并且与裂纹尺寸 a 无关。相反，对于图 3.18（b）中的 SSY/非平面应变条件，其中由于稳定裂纹扩展的发生，R 曲线明显上升，尽管 R 曲线相同，但切点将随初始裂纹尺寸而变化，因此 G_c 或 K_c 的值将不同。所以 SSY/非平面应变 G_c 或 K_c 断裂韧性将与裂纹尺寸 a 有关（就像平面应变 G_{Ic} 或 K_{Ic} 值一样），但由于 R 曲线与 a 无关，这可以考虑在内。

但是几何尺寸和试样厚度呢？已经在前面描述了 G_c 或 K_c 值如何随厚度 B 和几何尺寸而变化，如图 3.8 所示。唯一的解决方案是测量与尝试分析的服役部件实际厚度相关试样的 R 曲线，如果相关缺陷的几何尺寸未知，则使用高度约束的几何尺寸，例如，单边缺口弯曲 SE（B）或紧凑拉伸 C（T）试样，以给出 R 曲线的下限。

关于初始不稳定断裂还有最后一点，上述切线方法特别适用于载荷控制的试验。在位移控制下，受裂纹尺寸和几何形状影响，载荷将随着裂纹扩展而下降。由于裂纹驱动力可能会随着裂纹扩展而减小，因此在位移控制试验中，失稳点会延迟，裂纹扩展变得更稳定。

总结小尺度屈服条件，尽管平面应变断裂韧性 G_{Ic}或 K_{Ic}，接近于一种材料属性，但对于需要在相关试样厚度和几何形状中测量的非平面应变 G_c或 K_c值来说，这是不可能的，可以通过使用上述 R 曲线对相关裂纹尺寸进行校正。

3.6 混合型断裂

混合模式断裂力学涉及开裂试样或结构受到施加（远场）多轴载荷的情况。在纯拉伸（模式Ⅰ）加载下，当裂纹与主应力轴成倾斜角度时，或当裂纹的一小部分发生偏转或扭曲时（如与模式Ⅰ的裂纹路径发生偏转或扭曲），或当裂纹位于两种不同材料之间的界面时，也是相关的。在所有这些情况下，裂纹将受到 K_{I}、K_{II} 和/或 K_{III} 组合的作用。在讨论如何处理不同模式的组合以确定可行的混合模式裂纹驱动力之前，将简要分析其中一些情况，其中看似模式Ⅰ的裂纹可能会经历混合模式载荷。

3.6.1 倾斜裂纹

首先，无限（薄）板中的倾斜中心裂纹在纯拉应力 σ_{yy}^{∞} ［图 3.19（a)］作用下，将同时受到 K_{I}和 K_{II} 的影响。如果长度为 $2a$ 的裂纹相对于应力轴的法线以有限的角度 φ 倾斜，则可以通过将原始的 x，y 应力轴转换为平行和垂直于裂纹平面的 x'，y'轴来简单地计算 K_{I}和 K_{II} 值。使用张量变换规则或莫尔圆来计算新的 $\sigma_{y'y'}$和 $\sigma_{x'y'}$应力，拉伸应力 $\sigma_{y'y'}$将产生 K_{I}，剪切应力 $\sigma_{x'y'}$将产生 K_{II}，由式（3.21）给出：

$$\begin{cases} K_{\mathrm{I}} = \sigma_{y'y'}\sqrt{\pi a} = \sigma_{yy}^{\infty}\cos^2\varphi\sqrt{\pi a} \\ K_{\mathrm{II}} = \sigma_{x'y'}\sqrt{\pi a} = \sigma_{yy}^{\infty}\sin\varphi\cos\varphi\sqrt{\pi a} \end{cases} \tag{3.21}$$

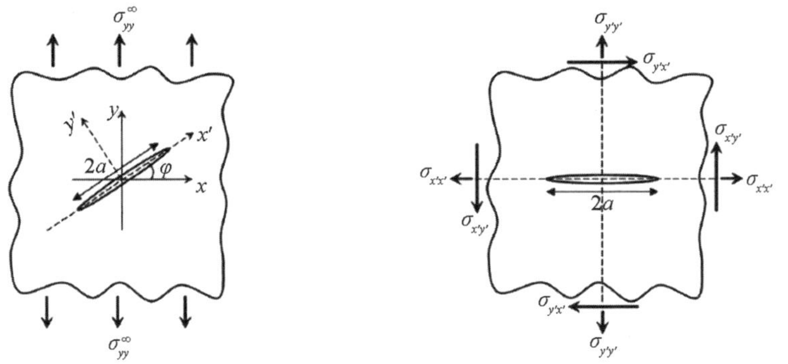

(a) 在远场张力作用下无限（薄）板中的倾斜中心裂纹

(b) x-y 轴到 x'-y' 轴的转换，以便确定 K_{I} 和 K_{II} 应力强度

图 3.19　倾斜裂纹

3.6.2　偏转裂纹

第二个经历混合模式加载的例子，是在纯模式Ⅰ拉伸应力下生长的裂纹，当其尖端小区域偏离最大拉伸应力平面时，平面内倾斜将产生模式ⅡK，而平面外扭曲将额外产生模式Ⅲ K。当裂纹发生偏转时，这是一种强大的（外在的）增韧机制，例如，在硬颗粒/相处或晶界处，因为由此产生的裂纹路径偏差会降低裂纹驱动力（另见第 6.4 节）。考虑长度为 a 的裂纹，其受到施加的远场拉伸（和剪切应力，为了完整性），即受到全局 K_{I} 和 K_{II}，并经历长度为 a' 的小的平面内偏转，其中 $a' \ll a$，与裂纹平面的偏转角度为 φ（图 3.20）。偏转将导致在裂纹尖端产生局部模式Ⅰ和模式Ⅱ应力强度（即使全局 $K_{\mathrm{II}}=0$）。重新定义扭结尖端的 $x-y$ 轴，可以计算全局 σ_{yy} 和 σ_{xy} 来确定这些局部应力强度；它们通常分别写成 k_1 和 k_2，并且可以表示为[24]：

$$\begin{cases} k_1 = a_{11}(\varphi)K_{\mathrm{I}} + a_{12}(\varphi)K_{\mathrm{II}} \\ k_2 = a_{21}(\varphi)K_{\mathrm{I}} + a_{22}(\varphi)K_{\mathrm{II}} \end{cases} \tag{3.22}$$

式中，a_{ij} 为扭结和偏转角 φ 的函数。对于图 3.20 所示的平面内倾斜[25-26]：

$$\begin{cases} a_{11}(\varphi) = \cos^3(\varphi/2) \\ a_{12}(\varphi) = -3\sin(\varphi/2)\cos^2(\varphi/2) \\ a_{21}(\varphi) = \sin(\varphi/2)\cos^2(\varphi/2) \\ a_{22}(\varphi) = \cos(\varphi/2)[1-3\sin^2(\varphi/2)] \end{cases} \tag{3.23}$$

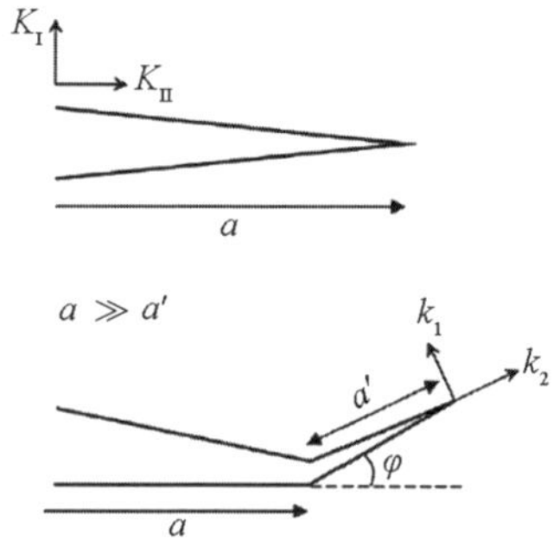

图 3.20　受 K_{I} 和 K_{II} 全局应力强度影响的偏转裂纹（平面内倾斜贯穿角，φ），局部应力强度 k_1 和 k_2 的确定

3.6.3　界面裂纹

在看似纯粹的模式 I 条件下，可以诱导混合模式载荷的一个更复杂的例子是裂纹位于拉伸载荷试样中两种不同弹性材料的界面之间（图 3.21，包含受远场载荷作用的具有弹性特性 E_1、μ_1、v_1 的材料 1 和具有弹性特性 E_2、μ_2、

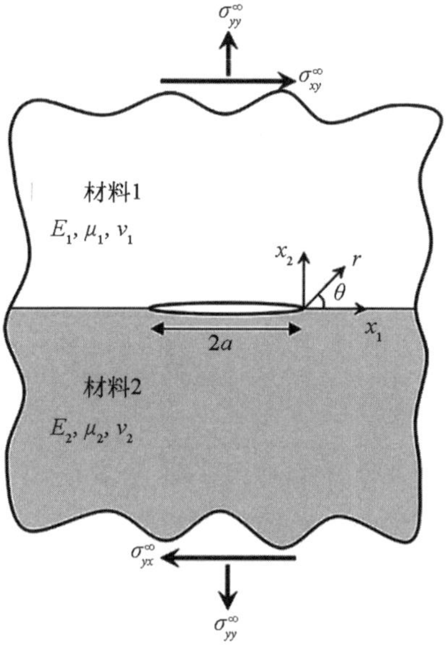

图 3.21　位于两种不同材料之间的界面裂纹

υ_2 的材料 2）。由于界面上弹性性质的差异，如杨氏模量 E、剪切模量 μ 和泊松比 ν，即使在纯模式 I 载荷下，界面裂纹也会受到剪切应力和拉伸应力，即 K_{II} 和 K_{I}。具体而言，裂纹前方的法向应力与剪切应力之比与远场载荷的预期值明显不同，可以根据 Dundurs 参数[27] 进行量化，其中一个参数为 $\beta = 1/2\{[\mu_1(1-2\nu_2)-\mu_2(1-2\nu_1)]/[\mu_1(1-2\nu_2)+\mu_2(1-2\nu_1)]\}$，其中下标指材料 1 和 2。裂纹前方距离 r 处的线弹性应力场[11] 由复杂应力强度因子 $K = K_{\mathrm{I}} + \mathrm{i}K_{\mathrm{II}}$ 表征，其中实部是模式 I 项，虚部是模式 II 项（$\mathrm{i}=\sqrt{-1}$），由参考文献［28－29］给出：

$$\sigma_{ij} = \frac{\mathrm{Re}[Kr^{i\in}]}{\sqrt{2\pi r}}\sum_{ij}^{\mathrm{I}}(\theta, \in) + \frac{\mathrm{Im}[Kr^{i\in}]}{\sqrt{2\pi r}}\sum_{ij}^{\mathrm{II}}(\theta, \in) \tag{3.24}$$

式中，$\in$ 为双材料常数：

$$\in = \frac{1}{2\pi}\ln\left(\frac{1-\beta}{1+\beta}\right) \tag{3.25}$$

$\sum_{ij}^{\mathrm{I}}(\theta, \in)$ 和 $\sum_{ij}^{\mathrm{II}}(\theta, \in)$ 是模式 I 和模式 II 角函数，沿着裂纹尖端前方的界面（$\theta=0$）都等于 1。因此，界面裂纹前方应力的这种复杂求解，提供了另一个裂纹仅承受远场拉伸载荷，但仍会产生混合模式应力强度因子的案例。

3.6.4　混合模式裂纹驱动力

在裂纹受到 K_{I}、K_{II}和/或 K_{III}组合作用的情况下，无论是由于张力加剪切/扭转远场载荷，还是如上所述，由于倾斜、偏转或界面裂纹，混合模式应力强度都不能叠加，因为叠加原理只能用于相同模式的 K_s。然而，由于能量可以很容易地相加，式（3.17）在这里再现为式（3.26），将 G 表示为在线弹性条件下承受拉伸、剪切和反平面剪切位移的裂纹自相似扩展的可行混合模式裂纹驱动力：

$$G = \frac{K_{\mathrm{I}}^2}{E'} + \frac{K_{\mathrm{II}}^2}{E'} + \frac{K_{\mathrm{III}}^2}{2\mu} \tag{3.26}$$

[11] 对于这种复杂的双材料界面裂纹解，奇异应力变得振荡，裂纹表面在裂纹尖端随 $r\to 0$ 相互渗透。由于这在物理上是不现实的，这个区域（总是很小）代表了另一个“破坏区”，类似于均匀材料线弹性奇异性解中裂纹尖端塑性区的破坏区。

3.6.5 裂纹路径

在结束混合模式加载问题之前，另一个相关的问题是裂纹路径问题。裂纹轨迹总是由两个不同的准则决定：最大机械裂纹驱动力路径和最弱微观结构阻力路径。如果这两个准则在负载下的材料中不相称，通常会导致高韧性，因为裂纹在不同的方向上驱动，而如果它们相称，韧性通常会低得多[30]。

当然，力学只能解决最大驱动力的问题，在模式 I 线弹性条件下，最大驱动力将是最大切向应力的路径，即垂直于裂纹路径的最大拉应力；这就是众所周知的 Erdogan 和 Sih 准则[31]。就 LEFM 而言，这通常表示为遵循 $K_{\mathrm{II}}=0$ 路径的裂纹，即由局部应力的级数表达式中的第一项主导。事实上，由于缺乏主要的微观结构效应，大多数脆性断裂通常都是这样。然而，多轴加载的一个更通用的准则是最大 G 路径[32]，在线弹性条件下，该路径几乎与 $K_{\mathrm{II}}=0$ 路径相同，除了在高剪切载荷下存在微小差异。

参考文献

[1] WESTERGAARD H M. Bearing pressures and cracks: bearing pressures through a slightly waved surface or through a nearly flat part of a cylinder, and related problems of cracks[J]. Journal of Applied Mechanics, 1939, 6(2): 49 - 53.

[2] SNEDDON I N. The distribution of stress in the neighbourhood of a crack in an elastic solid[J]. Proceedings of the Royal Society of London. Series A. Mathematical and Physical Sciences, 1946,187(1009): 229 - 260.

[3] WILLIAMS M L. On the stress distribution at the base of a stationary crack [J]. Journal of Applied Mechanics, 1957,24(1): 109 - 114.

[4] TADA H, PARIS P C, IRWIN G R. The stress analysis of cracks handbook [M]. 3rd ed. New York: ASME Press, 2000.

[5] MURAKAMI Y. Stress Intensity Factors Handbook[M]. Oxford: Pergamon Press, 1987.

[6] DAS A, TARAFDER S. Experimental investigation on martensitic

transformation and fracture morphologies of austenitic stainless steel [J]. International Journal of Plasticity, 2009,25(11): 2222 – 2247.

[7] IRWIN G R. Plastic zone near a crack and fracture toughness [C]// Proceedings of the 7th Sagamore Research Conference on Mechanics & Metals Behavior of Sheet Material. New York, 1961: 463 – 478.

[8] DUGDALE D S. Yielding of steel sheets containing slits [J]. Journal of the Mechanics and Physics of Solids, 1960,8(2): 100 – 104.

[9] BARENBLATT G I. The mathematical theory of equilibrium cracks in brittle fracture [J]. Advances in Applied Mechanics, 1962,7: 55 – 129.

[10] KRAJCINOVIC D. Damage mechanics [J]. Mechanics of Materials, 1989,8 (2 – 3): 117 – 197.

[11] CHEN J, WEI Y, HUANG Y T, et al. The crack tip fields in strain gradient plasticity: the asymptotic and numerical analyses [J]. Engineering Fracture Mechanics, 1999,64(5): 625 – 648.

[12] American Society for Testing and Materials. Standard test method for linear-elastic plane-strain fracture toughness of metallic materials: ASTM Standard E399 – 20 [S]. West Conshohocken, PA: ASTM, 2020.

[13] American Society for Testing and Materials. standard test method for measurement of fracture toughness: ASTM Standard E1820 – 20 [S]. West Conshohocken, PA: ASTM, 2020.

[14] BROEK D. Elementary engineering fracture mechanics [M]. 4th ed. New York: Kluwer, 2012.

[15] KAUFMAN J G, NELSON F G. More on specimen size effects in fracture toughness testing [M]//PARIS P C, IRWIN G R. Fracture toughness and slow-stable cracking. West Conshohocken, PA: ASTM International, 1973: 74 – 98.

[16] MALITO L G, SOV J V, GLUDOVATZ B, et al. Fracture toughness of ultra-high molecular weight polyethylene: a basis for defining the crack-initiation toughness in polymers [J]. Journal of the Mechanics and Physics of Solids, 2019, 122: 435 – 449.

[17] ANDERSON T L. Fracture mechanics: fundamentals and applications [M]. 4th ed. Boca Raton: CRC Press, 2017.

[18] KNOTT J F. Fundamentals of fracture mechanics [M]. London: Butterworths, 1973.

[19] IRWIN G R. Onset of fast crack propagation in high strength steel and aluminum alloys [C]//Proceedings of the Sagamore Materials Research Conference, 1956: 289 - 305.

[20] IRWIN G R. Analysis of stresses and strains near the end of a crack traversing a plate[J]. Journal of Applied Mechanics, 1957, 24(3): 361 - 364.

[21] RICE J R, ROSENGREN G. Plane strain deformation near a crack tip in a power-law hardening material[J]. Journal of the Mechanics and Physics of Solids, 1968, 16(1): 1 - 12.

[22] HUTCINSON J. Singular behavior at the end of a tensile crack tip in a hardening material[J]. Journal of the Mechanics and Physics of Solids, 1968, 16: 13 - 31.

[23] RICE J R, DRUGAN W J, SHAM T L. Elastic plastic analysis of growing cracks[C]//Annual symposium on fracture mechanics, St Louis, MO, USA, 1980.

[24] BILBY B, CARDEW G, HOWARD I. Stress intensity factors at the tips of kinked and forked cracks[C]//Fourth International Conference on Fracture. Waterloo, Canada, 1978: 197 - 200.

[25] COTTERELL B, RICE J. Slightly curved or kinked cracks [J]. International Journal of Fracture, 1980, 16: 155 - 169.

[26] FABER K T, EVANS A G. Crack deflection processes—I. Theory[J]. Acta Metallurgica, 1983, 31(4): 565 - 576.

[27] BOGY D B. Edge-bonded dissimilar orthogonal elastic wedges under normal and shear loading [J]. Journal of Applied Mechanics, 1968, 35(3): 460 - 466.

[28] RICE J. Elastic fracture mechanics concepts for interfacial cracks [J]. Journal of Applied Mechanics, 1988, 55(1): 98 - 103.

[29] SHIH C F, ASARO R J. Elastic-plastic analysis of cracks on bimaterial interfaces: part I—small scale yielding[J]. Journal of Applied Mechanics, 1988, 55(2): 299 - 316.

[30] RITCHIE R, CANNON R, DALGLEISH B, et al. Mechanics and

mechanisms of crack growth at or near ceramic-metal interfaces: interface engineering strategies for promoting toughness[J]. Materials Science and Engineering:A, 1993, 166(1-2): 221-235.

[31] ERDOGAN F, SIH G. On the crack extension in plates under plane loading and transverse shear [J]. Journal of Basic Engineering, 1963, 85(4): 519-525.

[32] WU C H. Maximum-energy-release-rate criterion applied to a tension-compression specimen with crack[J]. Journal of Elasticity, 1978, 8(3): 235-257.

第 4 章　非线弹性断裂力学

4.1　引言

正如第 3 章中所描述的，LEFM 为评估各种材料的断裂韧性和预测使用中的失效载荷提供了一个定量准则。如果考察各种不同材料的韧性，如第 3. 3. 4 节表 3. 1 中的材料，很明显，LEFM 适用于高强度/低韧性的材料，这类实验室尺寸的试样塑性区足够小，不会超过小尺度屈服准则。包括几乎所有的陶瓷、低韧性聚合物、低韧性金属合金以及强度在 1000 MPa 以上的材料。然而，它并不适用于许多低强度的结构合金，如不锈钢、建筑压力容器和管道钢，它们的抗拉强度低于 1000 MPa，导致其具有较高的抗断裂性[1]。典型的例子是核压力钢 SA533B，它是一种强度为 500 MPa 的低碳钢，韧性超过 200 MPa $\sqrt{m}$，作为容纳核反应堆的部件，其抗断裂是必须的，特别是钢在使用寿命期间会因为辐照硬化而逐渐脆化的情况下。然而，这种钢的有效 K_{Ic} 测试涉及大试样（厚度 >0. 6 m），很少有实验室可以完成。此外，钢受到辐照脆化，其寿命存在限制，需在其使用寿命期间，定期提取放置在反应堆容器中的监测样品进行测试，以验证钢韧性退化的预测。由于成本和空间，这种监测试样必须很小，这使得开发一种新的方法来可靠地测量这些低强度/高韧性材料的韧性势在必行。这为发展非线弹性断裂力学（nonlinear ealstic fracture mechanics，NLEFM），将“小试样”韧性测试作为一种预测存在塑性变形断裂的工程方法提供了动力，该研究最初由核能和电力行业赞助。

[1] 由于塑性变形对延性材料的断裂韧性有主要（内在）贡献，强度和韧性往往是相互排斥的[1]。

4.2 裂纹应力分析

在 Eshelby[2]、Sanders[3]和 Cherepanov[4]的批判性研究之前，今天所知道的 NLEFM 的基本原理[2] 始于 20 世纪 60 年代中后期 Rice 和 Hutchinson 的工作[5-7][3]。该工作围绕着使用 Rice 的 J - 轮廓积分[7]来表征存在塑性的裂纹尖端应力和位移场，形成弹塑性断裂准则的基础。然而，我们并非按照发展的时间顺序，而是从 J 的特征参数定义开始，通过类比 LEFM 来描述 NLEFM 的基本原理。

4.2.1 J 作为表征参数

如第 3 章所述，LEFM 的应用限制在对裂纹尖端应力和应变场的分析，即 Williams $1/\sqrt{r}$奇点[9] [式（3.1）]，是根据线弹性本构关系推导出来的。因此，与试样/部件尺寸相比，裂纹尖端的局部塑性必须很小。这个问题的解决方案之一是计算这些裂纹尖端的应力和位移场，但在塑性区内，这就是 Hutchinson、Rice 和 Rosengren 在推导 HRR 奇异性时试图做的事情[5-6]。该解针对非线弹性材料（图 4.1），展示了 Ramberg-Osgood（幂强化）本构关系：

$$\frac{\bar{\varepsilon}}{\varepsilon_0}=\alpha\left(\frac{\bar{\sigma}}{\sigma_0}\right)^N \tag{4.1}$$

式中，$\bar{\sigma}$ 和 $\bar{\varepsilon}$ 分别为等效（Mises）应力和塑性应变，σ_o和ε_o为参考（屈服）应力和应变，N 为应变硬化指数（对于线弹性材料为 1，对于全塑性材料为∞），α 为无量纲的常数，单位为 1。

虽然材料在塑性变形后发生弹性卸载，但 J 的理论基础是塑性变形理论，其将弹塑性行为简化为非线弹性行为。只要变形是单调的、递增的和成比例的，

[2]Eshelby[2]在 20 世纪 50 年代提出了类似于 Rice J 积分[7]的能量动量张量。事实上，J 积分是静部件能量动量张量的理想形式，但是 Eshelby 并未将其应用到裂纹驱动力的表达式。Sanders[3]在 1960 年提出了路径依赖的 I 积分，作为裂纹扩展的准则。Cherepanov[4]在 1967 年独立于 Rice 提出了 J 积分。

[3]1961 年，Wells[8]在英国提出了另外一种概念来描述塑性状态下的断裂，即裂纹尖端的张开位移，将在第 5 章中作为断裂准则介绍。

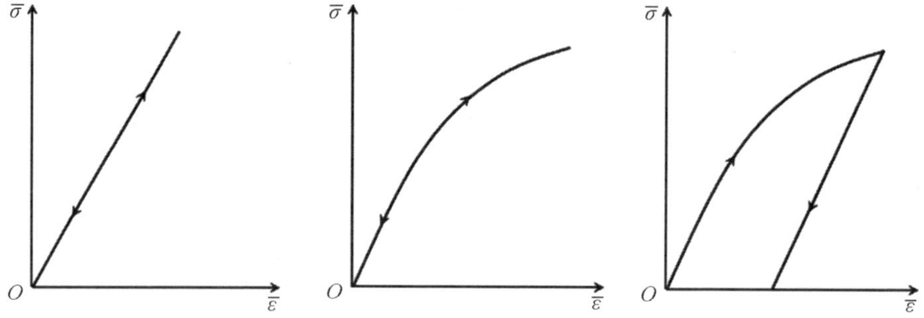

(a) 线弹性　　(b) 非线弹性　　(c) 弹塑性

图 4.1　三种材料的本构（应力 - 应变）加载和卸载行为示意

这仍然可以提供准确的解。因此，卸载是不允许的。

根据图 3.1 的坐标系，HRR 奇点给出了裂纹尖端前方距离 r、角度 θ 处的局部应力σ_{ij}、应变ε_{ij}和位移u_i，当 $r\to 0$ 时[5-6]：

$$\sigma_{ij}\to\sigma_0\left[\frac{J}{\alpha\sigma_0\varepsilon_0 I_N r}\right]^{\frac{1}{N+1}}\tilde{\sigma}_{ij}(\theta,N) \tag{4.2}$$

$$\varepsilon_{ij}\to\alpha\varepsilon_0\left[\frac{J}{\alpha\sigma_0\varepsilon_0 I_N r}\right]^{\frac{N}{N+1}}\tilde{\varepsilon}_{ij}(\theta,N) \tag{4.3}$$

$$u_i\to\alpha\varepsilon_0\left[\frac{J}{\alpha\sigma_0\varepsilon_0 I_N r}\right]^{\frac{N}{N+1}} r\,\tilde{u}_i(\theta,N) \tag{4.4}$$

式中，$\tilde{\sigma}_{ij}$（θ，N），$\tilde{\varepsilon}_{ij}$（θ，N）和 $\tilde{u}_i$（θ，N）分别是应力、应变和位移的角函数，与式（3.1）中的 Williams 线弹性奇点不同，这些函数也是 N 的函数，并且I_N是弱依赖于 r 的积分常数。在忽略所有高阶项的情况下，HRR 场由 J 唯一控制，从而建立 J 作为非线弹性变形条件下确定的裂纹尖端应力和位移的奇异表征参数。

4.2.2　*J* 作为路径无关积分

那么 J 到底是什么？J 实际上有三个定义。除唯一表征 HRR 裂纹尖端场外，J 最初被表述为路径无关积分[7]。对于具有非线弹性本构关系的静态、均匀、各向同性固体，如果从裂纹尖端选择任意逆时针路径 Γ，将下裂纹表面与上裂纹表面连接起来，如图 4.2 所示，则 J 可定义为线积分：

$$J = \int_{\Gamma}\left(W_{se}\mathrm{d}y - T_i\frac{\partial u_i}{\partial x}\mathrm{d}s\right) \tag{4.5}$$

式中，ds 为轮廓 Γ 上的长度增量，表示作用在边界上的正应力分量n_j。T_i为牵引矢量的n_j分量，定义了垂直于轮廓路径的向外单位向量 n 的应力。$T_i = \sigma_{ij} n_j$，u_i为位移矢量对应分量，W_{se}为应变能密度，由式（4.6）给出。

$$W_{se} = \int_0^{\varepsilon_{ij}}\sigma_{ij}\mathrm{d}\varepsilon_{ij} \tag{4.6}$$

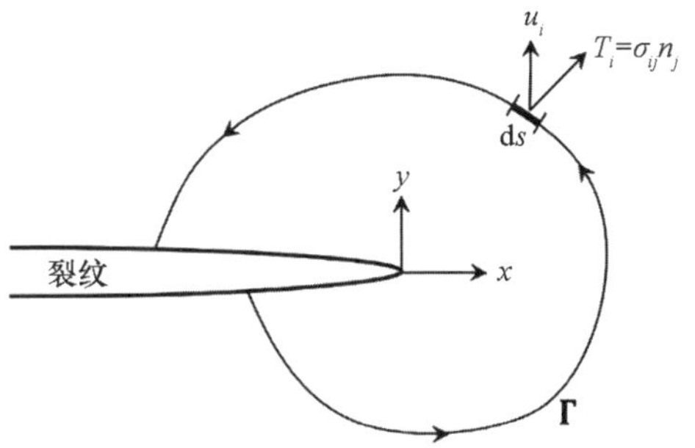

图 4.2　Rice[7] 围绕裂纹尖端的逆时针轮廓 Γ 的示意

Rice[7]表明，除了裂纹尖端附近的裂纹钝化区域（注意，对于完全闭合的轮廓，$J=0$），计算的 J 积分与裂纹尖端周围的轮廓路径无关（因此称为路径无关）。

需要注意的是，J 轮廓积分和基于 J 的 HRR 裂纹尖端场是通过塑性变形理论表示的，它根据非线弹性来模拟弹塑性行为，即应力与当前应变成正比。如图 4.1 所示，在材料未卸载的情况下，它可以提供弹塑性行为[4] 的准确描述，更具体地说，加载是单调的、增大的、成比例的（即主要应力的比例在加载期间保持恒定）。[5] 这里需要注意的一点是，与使用 K 来表征 SSY 条件下断裂的试样尺寸要求类似，也有类似的有效标准来确保以 J 为特征的 HRR 场准确描述相关的裂纹尖端应力和位移分布。这涉及非常接近裂纹尖端的卸载和非比例加载区域，这些区域需要足够小从而可以忽略。然而，这些要求远没有 SSY 所要求的那么严格，正如第 4.4 节和 4.5 节中分别对 J 和J_{Ic}断裂韧性试验的标准解的描述中所讨论的那样。

[4]弹塑性行为，如图 4.1（c）所示，可以使用更复杂的 J_2 塑性流动理论进行建模，其中总应力与增量应变更准确地相关。

[5]正如 Eshelby 曾经说过的那样："这些材料可能会让你虚张声势！"

4.2.3 *J* 作为能量参数

J 的第三种定义是含裂纹的非线弹性固体的应变能释放率。具体来说，Rice 证明了 J 的值由非线弹性固体裂纹每单位面积增加的势能变化率给出，即在线弹性条件下可等于 G[7]：

$$J = -\frac{dU_{PE}}{dA} \tag{4.7}$$

对于受外力 *P* 作用的裂纹板（图 4.3），与第 3.4 节线弹性条件下 *G* 的描述类似，*A* 为此处的裂纹面积，势能 U_{PE} 用应变能 U_ε 和外力所做功 W_D 表示，即

$$U_{PE} = U_\varepsilon - W_D \tag{4.8}$$

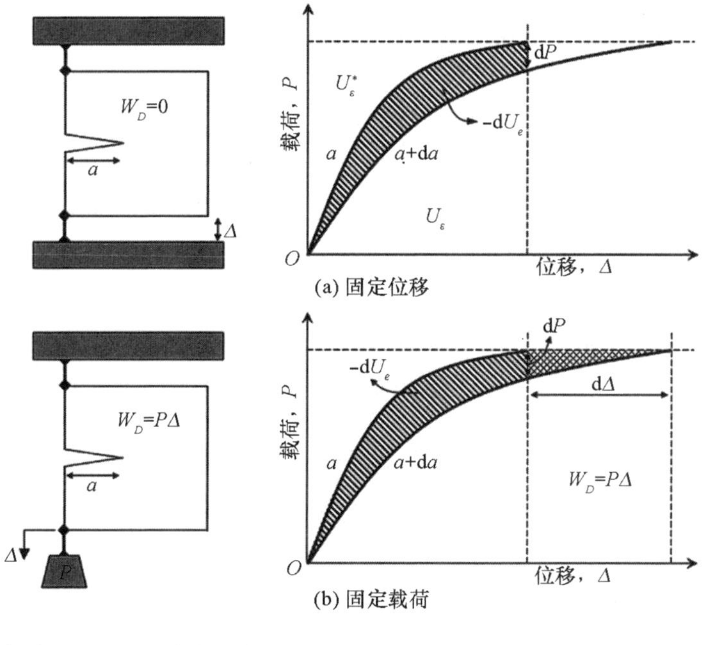

图 4.3　含裂纹长度为 *a* 的非线弹性板在固定位移 Δ 和固定载荷 *P*“加载”下的变化

由于在位移控制下所做的功为零，而在载荷控制下所做的功为 $W_D = P\Delta$，则势能为：

$$U_{PE} = U_\varepsilon（位移控制） \tag{4.9}$$

$$U_{PE} = U_{\varepsilon} - P\Delta = U_{\varepsilon}^{*}\text{(载荷控制)} \tag{4.10}$$

式中，$U_{\varepsilon}^{*} = \int_{0}^{P} \Delta \mathrm{d}P$，称为互补应变能。因此，由式（4.7）可知，$J$ 可表示为：

$$J = \left(\frac{\mathrm{d}U_{\varepsilon}}{\mathrm{d}A}\right)_{\Delta} = -\int_{0}^{\Delta}\left(\frac{\partial P}{\partial A}\right)_{\Delta}\mathrm{d}\Delta\text{(位移控制)} \tag{4.11}$$

$$J = \left(\frac{\mathrm{d}U_{\varepsilon}^{*}}{\mathrm{d}A}\right)_{P} = -\int_{0}^{P}\left(\frac{\partial \Delta}{\partial A}\right)_{P}\mathrm{d}P\text{(载荷控制)} \tag{4.12}$$

与式（3.13）~（3.15）中 G 的线弹性解一样，位移与载荷控制下 J 的这些非线弹性解是相同的，只是符号和 $\frac{1}{2}\mathrm{d}P\mathrm{d}\Delta$ 的无穷小量不同。

从这些推导可以明显看出，应变能释放率 G 是线弹性条件下 J 的一个特例。因此，对于 I 型加载下的线弹性固体：

$$J = G = \frac{K_{\mathrm{I}}^{2}}{E'} \tag{4.13}$$

4.3 J 作为断裂准则

4.3.1 $J = J_c$

如前一节所述，很明显对于非线弹性固体，Rice 的 J 积分既是裂纹尖端附近应力和位移的 HRR 奇点的奇异特征参数，类似于 K，也是定义应变能释放率的能量参数，类似于 G。由此看来，在塑性存在的情况下，将 J 作为断裂判据似乎是非常可行的。假设 HRR 场［式（4.2）］存在于名义原子尖锐裂纹的尖端，使得 J 奇异地表征了发生显著断裂事件的尺寸上的局部应力和位移，也就是说断裂的开始应该发生在临界值 J 处，即 $J = J_c$（或平面应变中的 J_{Ic}）。这是 Begley 和 Landes 在 20 世纪 70 年代初论证的问题[10-11]。

当时的问题是，尽管受约束的几何形状，如边缘开裂弯曲和紧凑拉伸试样，具有与相对不受约束的中间裂纹板相同的几何形状，描述线弹性条件下裂纹尖端应力和应变场的 $1/\sqrt{r}$ K 场，即在平面应变滑移场理论定义的全塑性条件下，基于 K 的应力场是唯一的，但事实并非如此。事实上，McClintock[12] 指出，这些完全塑性的裂纹尖端场并没有唯一性。完全屈服的拉伸双刃缺口板和弯曲单边缺口板的滑移场，本质上形成了普朗特场[6]，与拉伸中间裂纹板相比，具有根本不同的近端应力和应变场（图 4. 4）。普朗特场具有较高的三轴性，裂纹尖端前最大应力σ_{yy}约为 2. 5 σ_0，其中σ_0为屈服应力或流动应力，而对于拉伸状态下的中心裂纹板，裂纹尖端前方仅有适度的三轴性，最大应力σ_{yy}约为 1. 15 σ_0，但会在与裂纹夹角为 45°的平面上产生强烈的剪切应变。

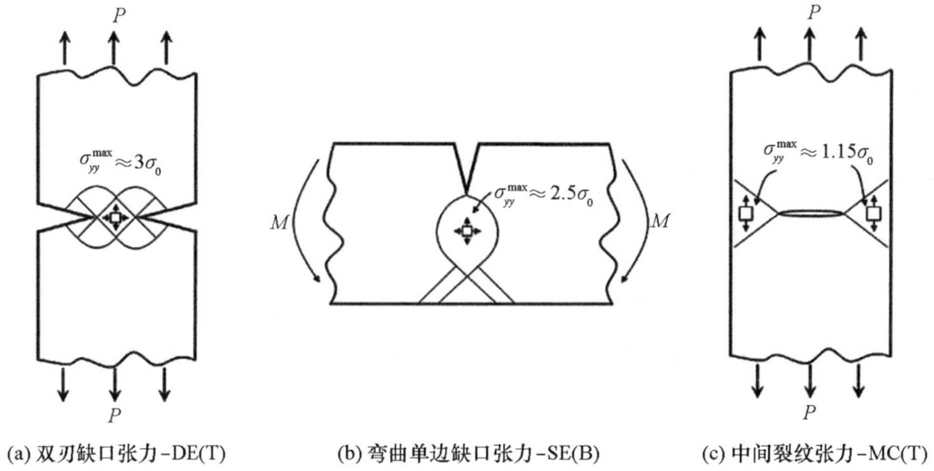

图 4. 4　基于理想刚塑性、平面应变变形的裂纹尖端应力场具有非唯一性

这种滑移场解适用于理想刚塑性、平面应变变形，并且基于采用 J 作为裂纹尖端应力和位移场的单值、构型无关的描述理念来合理化该非唯一、全塑性裂纹尖端场解，需要一定的应变硬化存在。因此，Begley 和 Landes 试图用J_{Ic}来测量平面应变断裂韧性。他们假设尽管全塑性的、非硬化的裂纹尖端应力和位移场对于不同几何形状的裂纹是不一样的，但在实际金属材料中不可避免地存在应变硬化，就 HRR 场的存在而言，这将赋予裂纹尖端一些独特

[6] 理想弹塑性固体中 SSY/平面应变条件件的有限元解表明，受拉的双刃裂纹板在裂纹尖端前发展出整个普朗特场，在受弯的边缘裂纹板中普朗特场近乎发展；然而，完全屈服的中间裂纹板在拉力下对应的裂纹尖端应力场完全不同[13]。

性[11]7。为了验证这一点，他们针对边缘裂纹弯曲和中间裂纹拉伸几何结构测试了尺寸较小但属于平面应变的中等强度 NiCoMoV 钢样品，它们的完全屈服、非硬化场完全不同（图 4.4）。他们还在两种几何结构中测量了裂纹萌生时的恒定J_{Ic}，这与在满足 SSY 尺寸要求的较大尺寸样品中测量的 G_{Ic} 相同［式(3.8)］。于是 $J = J_c$断裂准则诞生了，它可用于测量样品大小无法满足限制较高的 $K = K_c$（或 $G = G_C$）SSY 条件的试样的断裂韧性！

唯一的问题是，作者在计算中间开裂拉伸试样的韧性时犯了一个错误。尽管他们声称自己所犯的两个错误（他们错误地假设裂纹发生在最大载荷下）可以自我抵消[16]，但是直到大约 4 年后，Parks 和 McMeeking[17]对两种裂纹构型的应力场和位移场进行了完整的数值计算，并与基于 J 的相应场进行了比较，这个错误才被解决。他们发现，正如 Begley 和 Landes 所假设的那样，这两种不同几何形状的裂纹尖端场确实存在唯一性，但裂纹尖端由 J - 主导的中间开裂拉伸试样尺寸至少比约束的普朗特场形状（如边缘开裂弯曲）试样尺寸要大一个数量级。因此，与式（3.8）中线性弹性K_c和K_{Ic}测试的样本有效性标准不同，J_c和J_{Ic}的相应尺寸要求可能远没有那么严格，但是试样几何尺寸的函数。由此，中间开裂拉伸 MC（T）试样的形状并不是 ASTM 标准 E1820[15]测量J_{Ic}断裂韧性的规定中指定的测试形状。这些规定将在第 4.5 节中描述。

如果我们将注意力局限于本标准中规定的类似普朗特场的裂纹构型，如边缘裂纹弯曲和紧凑拉伸，则需要满足试样尺寸的要求，以确认 HRR 场以及 J 实际描述了尖端前方相关尺寸上的局部裂纹尖端应力和位移。正如塑性区违反了设定 SSY 尺寸要求的线弹性 K 场［式（3.8）］一样，在裂纹尖端也存在将发生卸载的区域（其中 $r \sim \Delta a$）和稍大的非比例塑性载荷区域，这两个区域也都违反了假设 HRR 场是非线弹性的初始前提；这两个区域都需要小到可以忽略。ASTM 标准 E1820[15]在一定程度上放宽了对这一问题的要求，但现在规定，对于 J 主导，剩余的未开裂长度 b 必须足够大，满足：

$$b \geqslant \frac{10J}{\sigma_0} (J\text{ 主导}) \tag{4.14}$$

7值得注意的是，对于很少或者没有应变硬化的材料，如大块金属玻璃，尽管在 SSY 条件下，这些非晶合金中的 K_{Ic}测量与试样尺寸无关，但在 J 概念下测量的较高韧性是明显可变的，并且取决于尺寸[14]，即使它们在 ASTM 标准 E1820[15]中是有效的。这里的前提是，由于缺乏应变硬化，HRR 场在这些材料中的存在受到高度限制。作为存在显著塑性的非硬化材料的一般规则，断裂韧性的单一参数描述将无效，因此，它将取决于尺寸和几何形状。

式中有效屈服应力（或流动应力）σ_0等于屈服应力σ_y和极限拉伸应力σ_{UTS}的平均值：$\sigma_0 = 1/2\ (\sigma_y + \sigma_{UTS})$[8]。另外，对于平面应变，厚度 B 应大于：

$$B \geqslant b(\text{平面应变}) \tag{4.15}$$

执行非线弹性断裂韧性测试［式（4.14）］的这些尺寸要求远没有执行 LEFM 测试的限制性要求严格。如果我们再次考虑 SA533B 核压力容器钢，取一个未断裂区及厚度超过 0.6 m 的样品来测量K_{Ic}（表 3.1），则根据［式（4.14）］测量J_{Ic}的相应临界样品尺寸将减少到 5 mm[9]。此外，由于线弹性条件下 J 和 G 的等效性：

$$J_{Ic} = G_{Ic} = \frac{K_{J_{Ic}}^2}{E'}(\text{线弹性情况}) \tag{4.16}$$

如果已经测试了整个 0.6 m 尺寸的试样，则可以从小试样的J_{Ic}测量值（称为K_{JIc}）反向计算K_{Ic}值以表示断裂韧性值。

因此，HRR 场坚定地将 J 确立为控制塑性变形体（无卸载）中裂纹尖端应力和应变的唯一和奇异特征参数。只要裂纹尖端区域由该 HRR 场在断裂事件的尺度上表示，那么 J 的临界值就可以用作表示裂纹萌生韧性的断裂标准。然而，不同的试验几何形状之间可能存在的约束条件仍然差异明显，这可能会影响这些裂纹尖端场的精确大小。这引起了人们对开发双参数断裂准则的兴趣。我们将在第 4.7 节的 T－应力中简要讨论这一点。

4.3.2　有效标准的重要性（尺寸要求）

断裂力学与其他形式的工程力学相比有些不寻常，因为我们用于断裂准则的所有关系，无论是基于 K、J，还是其他特征参数的关系，都受到有效性准则的约束，特别是规定了测量中使用的试样的尺寸要求。我们注意到，在今天的许多技术文献出版物中，这些准则要么被忽视，要么被边缘化，结果导致测得的K_{Ic}或J_{Ic}断裂韧性值取决于尺寸和几何形状，或者更糟糕，是完全错误的。有效性准则实际上是必须考虑的，无论是使用应力强度 K 来处理塑

[8]据估计，对于具有中等低应变硬化的材料（例如，对于 $N \sim 10$），中间裂纹拉伸几何形状中有效 J_{Ic}测量的相应尺寸要求可能超过 $200\ J/\sigma_{flow}$。

[9]在 SA533B 钢的计算中，$J_{Ic} = 263\ \text{kJ/m}^2$（$K_{Ic} = 245\ \text{MPa}\sqrt{\text{m}}$），$\sigma_0 = 538$ MPa（$\sigma_y = 500$ MPa）。

性区尺寸的限制，还是使用相应的 J 来处理卸载和非比例加载区的范围，在这两种情况下，都是为了表征相关的裂纹尖端场，从而准确地测量韧性。Anderson 的教材[18]中的一幅插图简明扼要地证明了这一点，如图 4.5 所示，该图展示了过度的局部塑性如何使基于 K 或 J 的裂纹尖端场的使用完全无效。图中 r/L 为裂纹尖端前方距离的比值，L 为结构或试样的尺寸；N 为公式 4.1[18]中本构定律的应变硬化指数。这提出了一个问题，如果要用 K 来测量断裂韧性，K 实际上表征了断裂事件中涉及的局部应力和应变吗？并且，如果裂纹尖端区域存在过多的局部塑性，非线弹性 HRR 场的近似是否意味着 J 可以更好地描述或实际上描述了发生临界断裂事件的局部应力和应变，从而证明 $J=J_c$ 断裂标准是合理的？还是说所有结论都被推翻？当满足 SSY 尺寸要求时，即 $r_y \ll a$，b，从图 4.5（a）知实际局部裂纹尖端场由 K - 场表征，因此使用 $K=K_c$ 是可行的。当局部塑性程度过大时［图 4.5（b）］，LEFM K - 场奇异性不再表征实际裂纹尖端应力场的任何区域，但塑性区内的区域仍然可以用 HRR 奇异性来描述，因此使用 $J=J_c$ 标准是合理的。对于较大尺度的塑性，我们没有裂纹尖端应力和应变的奇异参数表征，因此基于 K 和 J 的断裂力学方法根本不适用。

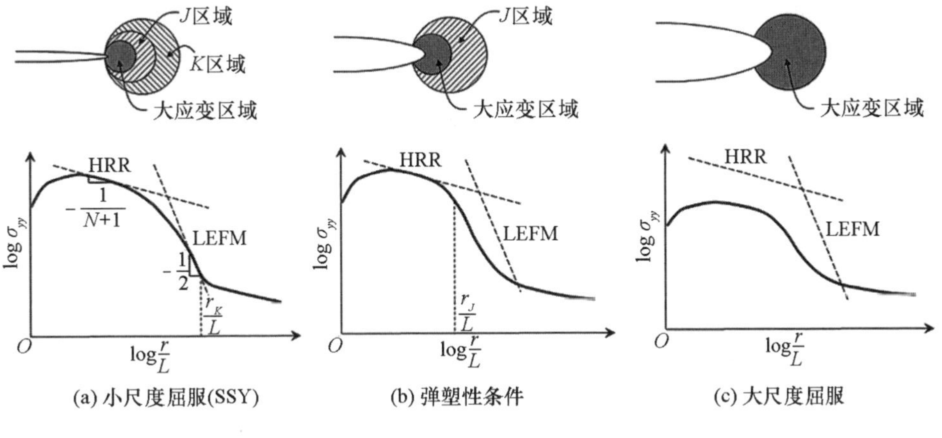

图 4.5　有效性要求在存在塑性的情况下保持适当的裂纹尖端应力场和位移场的重要性，以证明使用 K 或 J 临界值作为断裂标准的有效性

4.4 J - 解

与应力强度因子的求解不同，针对各种裂纹构型和测试几何形状的解可以在许多出版物中找到，J - 解的列表则要少得多。试验几何形状的 J - 解，例如 ASTM 标准 E1820[15] 中规定的断裂韧性测量，可在该标准和一些教科书[18-19] 中获得。但对于更广泛的解集，需要访问加利福尼亚州帕洛阿尔托电力研究所于 1981 年发表的 V. Kumar 等[20] 撰写的一份报告，该报告提供了可应用于服役结构的 J - 解的综合汇编。下面提供了一些标准测试形状的 J - 解。

4.4.1 深单边缺口弯曲试样

Rice 为深单边缺口弯曲试样提出了首批 J - 解之一[21]；事实上，这个相对简单的推导是其他几种测试几何形状的基础。对于图 4.6 中所示的样品，其中深度裂纹开口意味着 $a/W > 0.6$，力矩 M 的施加会导致旋转角 ϕ，ϕ 由板

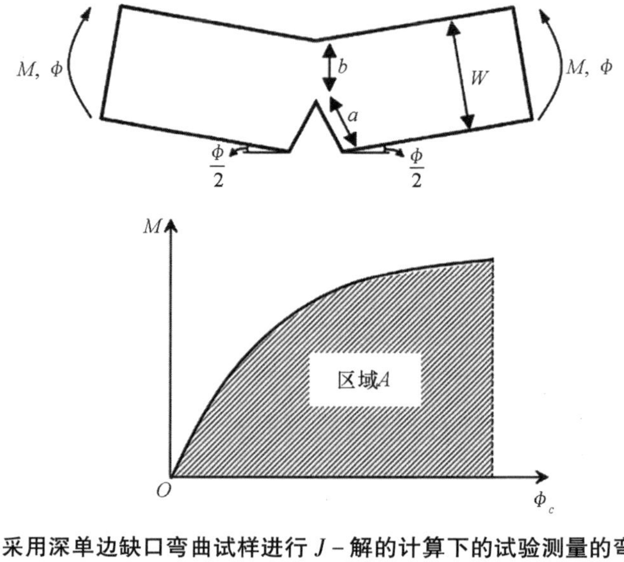

图 4.6　采用深单边缺口弯曲试样进行 J - 解的计算下的试验测量的弯矩 M 与角度 $\phi \approx \phi_{uc}$ 曲线

未开裂时的角度ϕ_{uc}加上开裂引起的角度ϕ_c组成，其中$\phi_c \gg \phi_{uc}$。Rice 通过尺寸分析表明，如果材料性能不变，角度ϕ_c将仅为弯矩M、未开裂区长度b（因为板已经深度开裂）以及厚度B的函数：

$$\phi_c = f\left(\frac{M}{Bb^2}\right) \tag{4.17}$$

如果得到实验M与ϕ的关系图（图 4.6），由于ϕ_{uc}不随a变化，利用式（4.11），则J可表示为：

$$J = \frac{1}{B}\int_0^M \left(\frac{\partial \phi_c}{\partial a}\right)_m \mathrm{d}M = -\frac{1}{B}\int_0^M \left(\frac{\partial \phi_c}{\partial b}\right)_m \mathrm{d}M \tag{4.18}$$

式（4.17）对b求导，并代入式（4.18），可得J的表达式：

$$J = \frac{2}{Bb}\int_0^{\phi_c} M\mathrm{d}\phi_c = \frac{2}{Bb}A \tag{4.19}$$

式中，$A = \int_0^{\phi_c} M\mathrm{d}\phi_c$，为图 4.6 中$M-\phi$曲线下的面积（对于深缺口裂纹试样，$\phi_{uc}$小到可以忽略）。ASTM 标准要求进行三点弯曲试验。设P为点荷载（按图 3.3 规定），Δ为其位移，则深单边缺口弯曲试件的J解可表示为：

$$J = \frac{2}{Bb}\int_0^{\Delta} Pd\Delta = \frac{2}{Bb}A \tag{4.20}$$

式中，A为被吸收的能量，用载荷－位移曲线下的面积表示。

4.4.2　各种试样几何形状下J－解的一般形式

式（4.19）构成了许多试样形状的J－解的基础，这些解通常用J的弹性和塑性贡献来表示：

$$J = J_{el} + J_{pl} = \frac{\eta A_{el}}{Bb} + \frac{\eta A_{pl}}{Bb} \tag{4.21}$$

式中，A_{el}为可恢复的弹性能，A_{pl}为试样吸收的塑性能，η为无量纲常数，是试样形状的函数。这种关系一般表示为：

$$J = \frac{K_{\mathrm{I}}^2}{E'} + \frac{\eta A_{pl}}{Bb} \tag{4.22}$$

如上所述，深单边缺口弯曲 SE（B）试样的$\eta = 2$。

对于紧凑拉伸 C（T）试样，$\eta = 2 + 0.522b/W$[22]。

4.5 断裂韧性J_{Ic}的测定

与第 3.3.3 节所述K_{Ic}的测量类似，进行J_{Ic}断裂韧性试验的流程在 ASTM 标准 E1820 中有详细描述[15]。二者具有相同的目的：在满足条件的试样中，确定从预先存在的（近原子尖端）裂纹（即疲劳裂纹）引起裂纹萌生的驱动力，在这种情况下，HRR 场和 J 定义了该预裂纹附近的局部应力和位移的分布。正如所预料的，与K_{Ic}测量方法有几个重要的区别，主要为试样几何的选择，测量载荷位移的要求，监测裂纹扩展以确定 R 曲线的需要，以及有效性标准的性质。

首先，对于合适的试样，由于第 4.3 节中讨论的原因，该标准排除了中间裂纹拉伸几何构型，并规定了普朗特场的几何尺寸，包括在三点弯曲中测试的单边缘缺口弯曲试样和各种形式的紧凑拉伸试样；这些试样需要具有比K_{Ic}测试稍长的预裂纹（$0.5 \leqslant a/W \leqslant 0.7$），以提高通常用于监测裂纹扩展的柔度测量的灵敏度。另一个重要的要求是，试样的设计必须能够测量载荷位移；与K_{Ic}测量不同的是，在K_{Ic}测量中，监测的位移只需要是线性的，但在基于 J 的测试中，测量的能量需要关于载荷和该载荷的实际位移的信息。图 4.7 展示了为实现这种测量设计的典型紧凑拉伸试样。缺口的喉道是打开的，以允

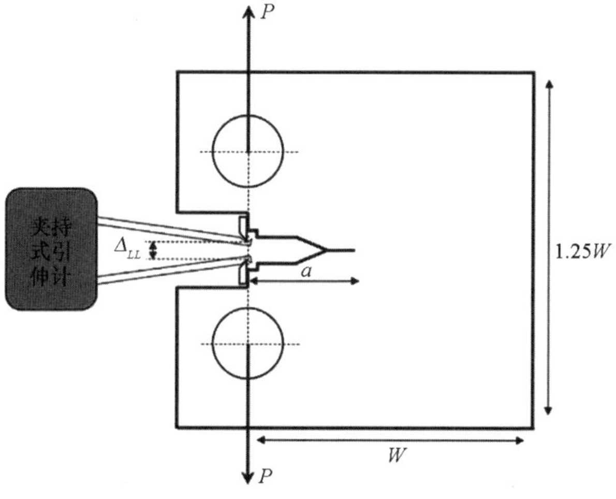

图 4.7 用于测量J_{Ic}断裂韧性所需的载荷位移的紧凑拉伸 C（T）试样设计

许如夹持式引伸计或位移式引伸计直接测量沿施加载荷 P 的位移，即所谓的载荷位移Δ_{LL}。

基于 J 的测试具有更大的塑性，促使裂纹稳定扩展，因此荷载 - 位移曲线明显是非线性的。由于 J_{Ic} 被认为是在裂纹萌生开始时测量的，因此必须独立地进行检测。一种相当乏味的方法是，将多个相同的试样加载到不同的应力水平，在卸载之前测量稳定裂纹扩展量[10]。一种更简便的方法是采用单个试样，原位监测裂纹扩展。有多种技术可以做到这一点，例如电势法[23]，但最常用的技术是利用卸载柔度测量（图 4.8），采用夹持式引伸计或背面应变片测量应变[18]。图 4.8 表示 J_{Ic} 测量时的载荷 P 与位移 Δ_{LL} 曲线，展示了采用周期性卸载，从卸载斜率倒数的柔度测量来估计裂纹长度。A_{pl} 是曲线下的塑性面积，这里显示的是曲线上的最后一点；这是试样在这一点之前所吸收的塑性能。由于材料将弹性卸载，通过在整个测试过程中周期性卸载 <20% 的载荷，并使用相关的柔度校准（其中许多在标准中列出），可以确定每个载荷水平下的稳定裂纹扩展量 Δa，再加上相关几何形状试验计算的 J 值，如式(4.15)，即

$$J = \frac{K_1^2}{E'} + \frac{\eta A_{pl}}{B_N b_0} \tag{4.23}$$

式中，A_{pl} 为载荷与位移曲线下的塑性（不可恢复）面积（图 4.8），B_N 为净试样厚度，等于 B，或为图 3.10 中定义的侧槽厚度，b_0 为初始未开裂区深度，由

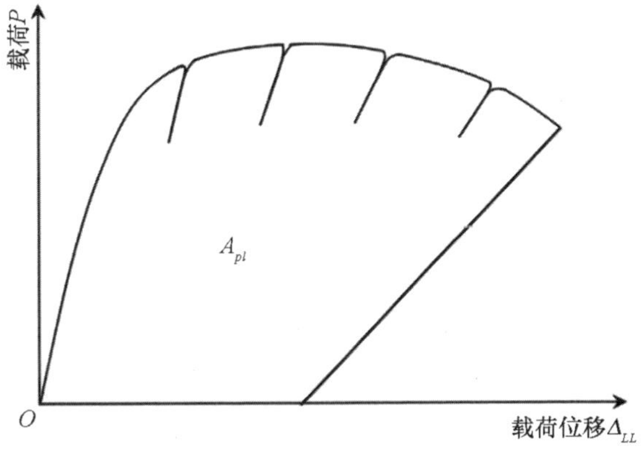

图 4.8　J_{Ic} 测量时的载荷 P 与载荷位移 Δ_{LL} 曲线

[10] 在液氮中打开试样之前，通过对试样进行火焰处理，使裂纹发生缓慢生长的断裂表面氧化，进行热着色，通常有助于识别稳定裂纹扩展的区域 Δa。

($W-a_0$) 给出，η 为特定几何形状的无量纲常数，例如，SE（B）试样 $\eta=2$，C（T）试样 $\eta=2+0.522\ b_0/W$。基于这些测量，可建立 J_R（Δa）的 R 曲线[11]（图 4.9），从中可以确定 J_{Ic}。

在裂纹萌生点测量确定的 J_{Ic}，本质上是将 J_R（Δa）R 曲线外推到 $\Delta a\to 0$ 的 J 值。然而，ASTM 标准 E1820[15] 的流程比这要复杂一些，如图 4.9 所示。图中的 J_Q 的值可以用 J_{Ic}来确定，只要有效性标准在试样尺寸要求上满足 J－优势和平面应变条件的要求[15] R 曲线确实外推了，但仅仅使用了两条排除线之间的数据，分布在 Δa 值为 0.15～0.5 mm。排除线斜率为 $2\sigma_0$，其中 σ_0 为屈服应力（或有效屈服应力），是屈服应力和极限拉伸应力的平均值。此外，还有两条排除线，规定了试样可测量的最大裂纹扩展（$\Delta a=2$ mm 处）和最大 J

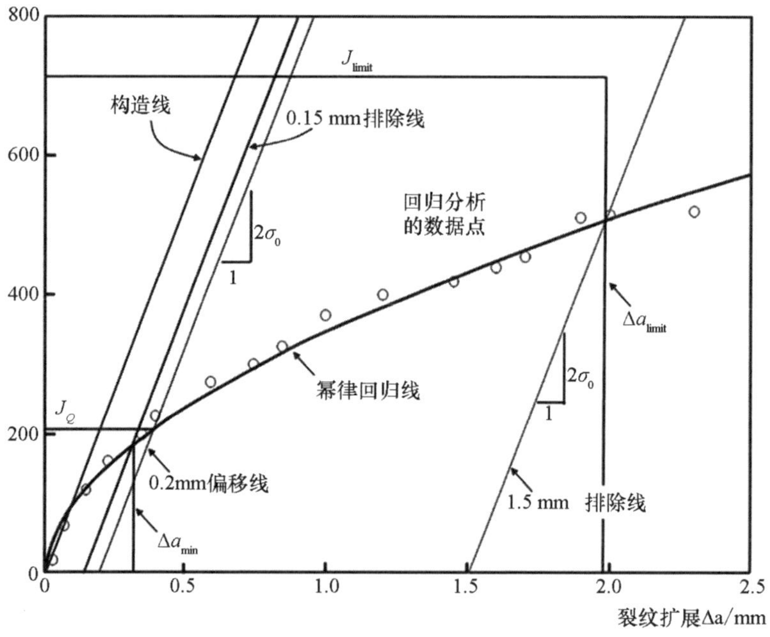

图 4.9　测量临时起裂断裂韧性 J_Q 的 J_R（Δa）阻力曲线

[11] 这里应该注意的是，裂纹尺寸，实际上是剩余未开裂区 b，并未沿着 R 曲线的裂纹扩展而更新的。这是因为这里的 R 曲线专门用于测量裂纹萌生时的 J_{Ic} 值，该值不受任何后续稳定裂纹扩展的影响。然而，正如第 4.6 节中所讨论的，如果确定裂纹扩展韧性也是测量的目标（它是完整 R 曲线的函数），则必须更新 J 计算中使用的 b 值，以实现稳定的裂纹扩展。

（$J_{max}=b_0\sigma_0/15$）。在这些排除线范围内的 R 曲线上的数据符合幂法则：

$$J=C_1\,(\Delta a)^{C_2} \tag{4.24}$$

该幂法则线与 0.2 mm 偏移（钝化）线相交的地方（斜率同样为$2\sigma_0$）[12]设置J_Q的临时值。J_Q的值可以用J_c来判定，前提是它满足 J－优势样本尺寸要求的有效性标准：

$$b_0 \geqslant 10\,\frac{J_Q}{\sigma_0} \tag{4.25}$$

如果平面应变的条件也满足，可以用J_{Ic}判定：

$$B \geqslant 10\,\frac{J_Q}{\sigma_0} \tag{4.26}$$

4.6　J_R（Δa）阻力曲线

4.6.1　裂纹扩展韧性

对于结构材料，设计者总是要求它们具有一定程度的拉伸延展性。这意味着就断裂而言它们表现出上升的 R 曲线，即它们在失效之前表现出稳定的开裂，而不是无预兆的突然断裂。由于塑性变形是在断裂失稳之前促进这种稳定裂纹扩展的主要因素，因此J_R（Δa）阻力曲线成为评估韧性的重要“材料性能”。我们最初都被教导韧性是强度和延展性的结合（化学家们仍然在这样衡量它），当然，它是最近似的。但是，某些材料可能具有强度和延展性，但仍然容易由于不可避免地存在裂纹和缺陷而过早失效。因此，我们坚信，基于 J 的 R 曲线的测量对于表征任何潜在结构材料的损伤容限都至关重要，该曲线既包括塑性对韧性的贡献，也包括与失效前裂纹稳定扩展相关的“裂纹扩展韧性”。

虽然从材料科学的角度来看，这种方法是完全可以接受的，但从力学的角度来看，它确实存在难题。因为与可以定义为材料特性的K_{Ic}和J_{Ic}不同，R 曲线

[12] 0.2 mm 偏移线以及 0.2 和 2 mm 排除线由表达式 $J=\sigma_0\Delta a$ 定义，试图估计并分离出由于裂纹尖端钝化引起的明显裂纹扩展。

可以是几何形状的函数，正如第 3.5 节中讨论的小尺度屈服条件。此外，在非线弹性条件下，这种情况甚至更不稳定，部分是因为在非普朗特场几何形状［例如 MC（T）］中裂纹尖端的有限 HRR 场，也许更重要的是因为 J 控制裂纹扩展的概念在某种程度上是一种矛盾修辞。不仅裂纹尖端前方的材料会随着裂纹延伸而卸载，并且稳定裂纹扩展的一个主要因素是裂纹尖端在扩展过程中的塑性轨迹（图 4.10），这两种现象都不符合非线弹塑性变形模型的概念，即随着裂纹的扩展和塑性的增大，奇异 J 场将不再存在。图 4.10（a）表示线弹性裂纹，其中任何裂纹尖端区域中的变形在卸载时由于裂纹扩展而完全可恢复；（b）表示非线弹性裂纹，裂纹尖端塑性区域采用非线弹性模型，因此变形也完全可恢复；（c）表示弹塑性裂纹，其真实地模拟塑性区域，以随着裂纹扩展而弹性卸载，从而在裂纹后留下塑性变形材料的痕迹。

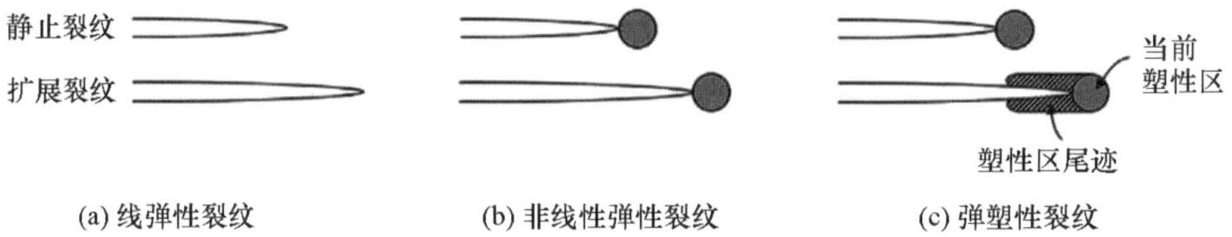

图 4.10　理想裂纹扩展

尽管在定义裂纹扩展的精确裂纹尖端场方面存在诸多复杂性，但是我们仍可从表征裂纹扩展的韧性角度来研究J_R（Δa）阻力曲线。

J_R（Δa）R 曲线示意图（图 4.11）展示了裂纹扩展时的各种行为。尽管

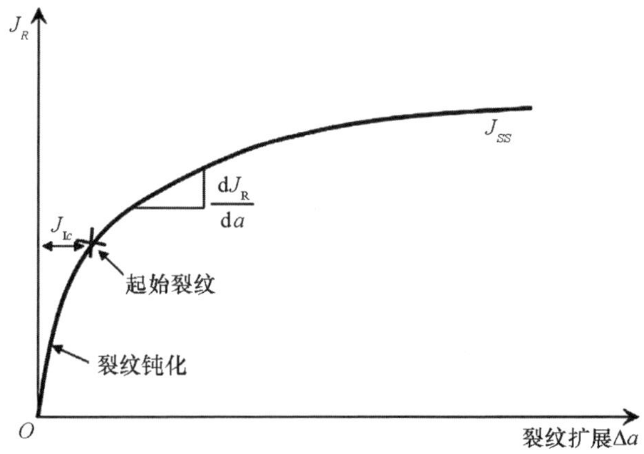

图 4.11　测量裂纹扩展韧性的J_R（Δa）裂纹阻力（抗裂）曲线示意

J_{Ic}用于测量裂纹萌生韧性，但裂纹扩展韧性可以根据 R 曲线的斜率定义，例如 $\mathrm{d}J_R/\mathrm{d}a$，或者通过特定裂纹扩展$\Delta a_{max}$或稳态 J_{ss}下的 J 值来定义。在测量J_{Ic}的起始裂纹之前，裂纹最初经历裂纹尖端钝化（这导致明显的裂纹扩展，可通过使用偏移钝化线进行纠正，如第 4.5 节所述）；这定义了裂纹萌生断裂韧性。随后的 R 曲线斜率 $\mathrm{d}J_R/\mathrm{d}a$ 可作为裂纹扩展断裂韧性的度量。用于裂纹扩展韧性的其他参数是在Δa_{max}极限下的 J 值，如果试样足够大，则为稳态值J_{SS}。

R 曲线的斜率 $\mathrm{d}J_R/\mathrm{d}a$ 有时用撕裂模量T_R来表示，其中 $\mathrm{d}J_R/\mathrm{d}a$ 通过屈服应力σ_0和杨氏模量 E 无量纲化，表示为[24]：

$$T_R = \frac{E}{\sigma_0^2}\frac{\mathrm{d}J_R}{\mathrm{d}a} \tag{4.27}$$

这个无量纲参数是衡量裂纹扩展韧性的另一个指标。

尽管裂纹扩展韧性参数很难单独定义，而且有时使用起来相当随意，但它们对韧性、延展性材料很重要，因为与裂纹萌生韧性相比，首先大多数断裂韧性由 R 曲线上的裂纹扩展阻力表示，其次微观结构效应总是对裂纹扩展韧性有更大的影响。坚韧的材料往往具有急剧上升的 R 曲线和显著的稳定裂纹扩展，这两者都表明耐损伤材料具有抗突然断裂的能力。

4.6.2　J_R（Δa）阻力曲线的测量

完整 R 曲线的确定和裂纹扩展韧性J_R（Δa）阻力曲线的测量遵循第 4.5 节中J_{Ic}测量的流程[15]。然而，也存在一些重要的区别。首先，单试样测试是最好的方法，采用裂纹监测技术，例如 J 的计算中使用的卸载柔度（图 4.8）来跟踪裂纹长度 a，进而跟踪未开裂区长度 b。其次，随着裂纹扩展，每一点的 J 值必须递增地计算。回想一下，在图 4.9 的 R 曲线构建中，所有这些都是不必要的，因为它对裂纹扩展初始时的 J 值几乎没有影响。ASTM 标准 E1820[15]列出了适当的流程，具体如下。

对于每个裂纹长度数据点a_i，J_i - 积分为弹性分量$J_{el(i)}$和塑性分量$J_{pl(i)}$之和，如第 4.4.2 节所示：

$$J_i = \frac{K_i^2}{E'} + J_{pl(i)} \tag{4.28}$$

式中，K_i为载荷 - 位移曲线上各数据点对应的应力强度。J_i的塑性分量可由式

(4.29) 计算：

$$J_{pl(i)} = \left[J_{pl(i-1)} + \left(\frac{\eta_{pl(i-1)}}{b_{(i-1)}}\right)\frac{A_{pl(i)} - A_{pl(i-1)}}{B_N}\right]\left[1 - \gamma_{(i-1)}\left(\frac{a_{(i)} - a_{(i-1)}}{b_{(i-1)}}\right)\right] \tag{4.29}$$

式中，B_N为净截面厚度，深单边缺口弯曲 SE(B)试样$\eta_{pl(i-1)}=2$，紧凑拉伸 C(T)试样$\eta_{pl(i-1)}=2+0.522\, b_{(i-1)}/W$；SE（B）试样$\gamma_{pl(i-1)}=1$，C（T）试样为$\gamma_{pl(i-1)}=1+0.76\, b_{(i-1)}/W$。$A_{pl(i)}-A_{pl(i-1)}$为荷载－位移曲线下的塑性面积增量(图 4.8)，$b_i$为未开裂区长度（即$b_i=W-a_i$）。利用该公式，可以沿荷载－位移曲线任意点确定$J_i$值，并结合相应的裂纹长度，可以得到$J_R$（$\Delta a$）阻力曲线。注意，这里 Δa 是测试过程中单个裂纹长度a_i与预裂后初始裂纹长度 a 的差值。

ASTM 标准 E1820[15]根据裂纹尖端 J 优势、平面应变条件和稳定裂纹扩展程度的试样尺寸要求，规定了这些 R 曲线测量的有效性标准，即

$$B, b_0 \geqslant \frac{10J_{\max}}{\sigma_0} \tag{4.30}$$

$$\Delta a_{\max} \leqslant 0.25b_0 \tag{4.31}$$

4.6.3 解理断裂 J 韧性值的测量

上述测量J_R（Δa）阻力以确定J_{Ic}和裂纹扩展韧性的方法主要适用于韧性断裂，即微孔聚结。然而，许多中低强度钢在存在显著塑性变形的情况下会表现出韧性稳定裂纹，但最终仍会因脆性解理断裂而灾难性失效。由于这种解理断裂是由高三轴应力促进的，ASTM 在 E1820 标准[15]中规定了一套单独的在实质稳定开裂后发生灾难性脆性断裂时的 J 值的有效性标准，称为J_c，具体来说，试样尺寸要求满足：

$$B, b_0 \geqslant \frac{10J_c}{\sigma_0} \tag{4.32}$$

$$\Delta a_{\max} \leqslant 0.20 + \frac{J_c}{2\sigma_0} \tag{4.33}$$

4.7　T - 应力与裂纹尖端场的修正

我们已经描述了裂纹尖端前的 Williams $1/\sqrt{\text{m}}$线弹性应力、应变场［式(3.1)］和相应的 HRR 非线弹性场［式（4.2)］如何分别由单个参数（应力强度 K 和 J - 积分）唯一表征，以及我们如何将其用作与尺寸和几何无关的项来表征稳定和不稳定断裂。然而，这些断言是基于一个事实，即 K 和 J 都表征了它们各自描述裂纹尖端应力和应变的膨胀级数的第一项的振幅，并且进一步地，所有高阶非奇异项都足够小，可以忽略。尽管如此，如图 3.13 中基于 K 的奇异性所示，应力的 K 场（第一项）描述与完整（所有项）描述的偏差将随着裂纹尖端前方距离 r 和几何形状的增加而增加，即这些高阶项与尺寸和几何形状相关。这在非线弹性断裂力学中更为重要，随着 r 的增加，裂纹尖端应力可能明显偏离 J - 场，尤其是在某些几何形状中，如中间裂纹拉伸。事实上，在存在显著裂纹尖端塑性的情况下，主动损伤和断裂过程更有可能发生在裂纹尖端之前的显著尺寸上。

在本节中，我们将研究这些高阶项中的第一项的影响，即线弹性裂纹尖端应力场的弹性 T - 应力，它实际上不会随着 $r\to 0$ 而消失。我们还将提到（但不是太详细）Q 的非线弹性行为方法，它为表征韧性的双参数 J - Q 方法提供了基础。

4.7.1　T - 应力的定义

如果重新考察模式 I［式（3.1)］下各向同性固体的线弹性裂纹尖端场的 Williams 奇点[9]，但不仅仅考虑展开级数中的第一项，那么当 $r\to 0$ 时：

$$\sigma_{ij}\to\frac{K_{\mathrm{I}}}{\sqrt{2\pi r}}f_{ij}(\theta)+\begin{bmatrix}T&0&0\\0&0&0\\0&0&\nu T\end{bmatrix}\tag{4.34}$$

还有第二项，称为弹性 T - 应力，它在裂纹尖端也是有限的，在 x 方向上表示平行于裂纹平面的恒定均匀应力（平面应变在 z 方向上具有相应的 νT，其中 ν 为泊松比）。T 的大小与裂纹附近的名义应力成正比：

$$T=\beta'\frac{K_{\mathrm{I}}}{\sqrt{\pi a}}=\beta'\gamma\sigma^{\infty} \tag{4.35}$$

式中，β'为 T 与K_{I}相关的双轴度比值($\beta'=T\sqrt{\pi a}/K_{\mathrm{I}}$)[25]，$K_{\mathrm{I}}$通常根据外加应力$\sigma^{\infty}$、裂纹尺寸 a 和几何因子 γ［式（3.2）］定义。T 最早是由 Larsson 和 Carlsson[26]提出的，用于解释裂纹尖端场中大部分几何形状相关的差异。T 对塑性区的大小和形状也有显著影响，并且作为 γ 的函数，随 a/W 而变化[27]。各种二维和三维裂纹几何形状的 T－应力解，如 C（T）、SE（B）、MC（T）等，可在文献［28］中找到。

那么 T 的作用是什么呢？实际上，T 可以是负的，也可以是正的。T－应力的负值代表均匀的压缩应力，其作用是降低裂纹尖端的约束，从而减少裂纹尖端的应力增强，这具有增加表观断裂韧性的效果。$T=0$ 的情况仅严格适用于小尺度屈服的极限，其中 K 或 J 占主导的奇异项唯一地描述了裂纹尖端场，分别如式（3.1）和式（4.2）所示。这方面的一个例子如图 4.12 所示，该图显示了 T/σ_0（从 -1 到 $+1$ 不等）对塑性区深处裂纹尖端应力场的影响的有限元计算，与 HRR 场（σ_0此处为流动应力）[29]预测结果相比的情况。图中 σ_0 为流动应力。$0\leqslant T/\sigma_0\leqslant 1$ 时应力分布与 HRR 解一致［式（4.2）］，但负 T 值（$-1\leqslant T/\sigma_0\leqslant 0$）在降低裂纹尖端应力方面具有显著作用。

如果我们研究 T－应力在典型测试几何结构中的变化情况，就会发现在中

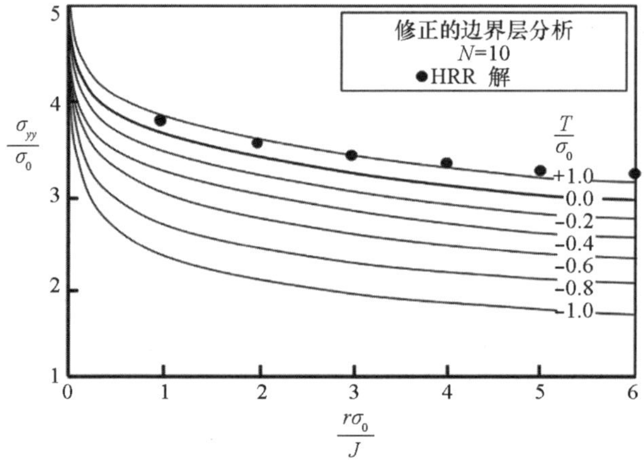

图 4.12　T 应力（$-1\leqslant\frac{T}{\sigma_0}\leqslant+1$）对裂纹尖端$\sigma_{yy}$应力的影响的有限元计算，作为塑性区内裂纹尖端前方归一化距离的函数

间裂纹拉伸几何结构中 T - 应力为负。如果还记得第 4.3.1 节，就会知道这种试样配置在塑性变形的情况下，不太可能实现与 J - 主导 HRR 解一致的裂纹尖端约束。然而，高度约束的类普朗特场构型，如单边缺口拉伸和弯曲几何形状，在深度开裂时都具有正 T - 应力。如图 4.12 所示，这些具有正 T - 应力的几何形状在塑性变形的情况下保持了较高的裂纹尖端约束水平，甚至可以保持到完全塑性状态。对于这些几何形状，我们可以得出结论，裂纹尖端场的单参数表征，如 HRR 场中的 J，以及将该参数用作与尺寸和几何形状无关的断裂韧性描述符号，是一种相当稳健和合理的方法。然而，对于 T - 应力为负的断裂构型，这种方法存在争议性。

4.7.2　双参数断裂力学

T - 应力会影响不同裂纹形态下的裂纹尖端约束，从而影响使用单个表征参数（如 K_I 或 J）来唯一表征某些几何形状的裂纹尖端应力和应变场，这导致了双参数断裂力学的发展，其中除了 K_I 或 J，还使用第二个参数（如 T）来表征裂纹尖端场[27,30]。由于这种影响与塑性变形程度的增加最为相关，并且 T 是一个弹性参数，因此已经开发了这一概念的塑性版本，称为 $J-Q$ 理论[30]，其中 Q 表征了实际裂纹尖端应力与 J 主导 HRR 解（其中 $T=0$）规定的应力之间的差异，即它是裂纹尖端相对约束的度量，可以解释为应力三轴度参数。因此，实际裂纹尖端应力可以用 HRR 解的应力近似，并通过 Q 项进行修正：

$$\sigma_{ij} = (\sigma_{ij})_{\mathrm{HRR}} + Q\sigma_0\delta_{ij} \tag{4.36}$$

式中，δ_{ij} 为 Kronecker δ（$i=j$ 时，$\delta_{ij}=1$；$i\neq j$ 时，$\delta_{ij}=0$）。如果 Q 为正，则应力三轴度相对于 HRR（$Q=0$）状态增加，而如果 Q 为负，则应力三轴度降低。具体来说，Q 和 T 是唯一相关的，对于 SSY，T 和 Q 等于 0。由于更负的 Q 表示裂纹尖端的应力三轴性损失，断裂处 J_c 的临界值将趋于增加。因此，该方法意味着需要根据 J_c 和 Q 来指定断裂韧性。这种方法可以促进在低约束条件下试样几何形状中的韧性测量，而基于 HRR 的描述在这方面并不利。因此，它对于预测实际结构的失效特别有用，例如，在延性钢实际结构中的裂纹可能具有复杂的结构。在O' Dowd和 Shih[30] 的原始研究中可以找到 $J-Q$ 双参数方法的更多细节。

参考文献

[1] RITCHIE R O. The conflicts between strength and toughness[J]. Nature Materials, 2011,10(11): 817－822.

[2] ESHELBY J. The continuum theory of lattice defects[J]. Solid State Physics, 1956,3: 79－144.

[3] SANDERS J. On the Griffith-Irwin fracture theory[J]. Journal of Applied Mechanics, 1960, 27: 352－353.

[4] CHEREPANOV G. The propagation of cracks in a continuous medium[J]. Journal of Applied Mathematics and Mechanics, 1967,31(3): 503－512.

[5] RICE J R, ROSENGREN G. Plane strain deformation near a crack tip in a power-law hardening material[J]. Journal of the Mechanics and Physics of Solids, 1968,16(1): 1－12.

[6] HUTCHINSON J. Singular behaviour at the end of a tensile crack in a hardening material[J]. Journal of the Mechanics and Physics of Solids, 1968,16(1): 13－31.

[7] RICE J. A path independent integral and the approximate analysis of strain concentration by notches and cracks[J]. Journal of Applied Mechanics, 1968,35(2): 379.

[8] WELLS A A. Unstable crack propagation in metals: cleavage and fast fracture [C]//Proceedings of the Crack Propagation Symposium. Cranfield, UK, 1961:210－228.

[9] WILLIAMS M L. On the stress distribution at the base of a stationary crack [J]. Journal of Applied Mechanics., 1957, 24(1): 109－114.

[10] BEGLEY J A, LANDES J D. The J integral as a fracture criterion[C]// Appeared in Fracture Toughness, Proceedings of the 1971 National Symposium on Fracture Mechanics, Part II. University of Illinois, Urbana-Champaign, Illinois, 1971.

[11] LANDES J D, BEGLEY J A. The effect of specimen geometry on JIc[M]// CORTEN H T. Fracture Toughness: Part II. West Conshohocken, PA:

ASTM, 1972: 24.

[12] MCCLINTOCK F A. Plasticity aspects of fracture[M]//LIEBOWITZ H. Fracture: An Advanced Treatise, vol. 3. New York, NY: Academic Press, 1971: 47.

[13] HUTCHINSON J W. A course on nonlinear fracture mechanics[M]. Lyngby, Denmark: Department of Solid Mechanics, the Technical University of Denmark, 1979.

[14] GLUDOVATZ B, NALEWAY S E, RITCHIE R O, et al. Size-dependent fracture toughness of bulk metallic glasses[J]. Acta Materialia, 2014,70: 198 – 207.

[15] American Society for Testing and Materials. Standard test method for measurement of fracture toughness: ASTM standard E1820 – 20[S]. West Conshohocken, PA: ASTM, 2020.

[16] BEGLEY J, LANDES J. Serendtrity and the J integral[J]. International Journal of Fracture, 1976,12: 764 – 766.

[17] MCMEEKING R M, PARKS D M. On the criteria for J-dominance of crack tip fields in large-scale yielding[M]//LANDES J D, BEGLEY J A, CLARKE G A. Elastic-plastic fracture. West Conshohocken, PA: ASTM, 1979: 175.

[18] ANDERSON T L. Fracture mechanics: fundamentals and applications[M]. 4th ed. Boca Raton: CRC press, 2017.

[19] SAXENA A. Nonlinear fracture mechanics for engineers[M]. Boca Raton: CRC press, 1997.

[20] KUMAR V, GERMAN M D, SHIH C F. An engineering approach for elastic plastic analysis, EPRI Rep. no. NP – 1931[R]. Palo Alto, CA: Electric Power Research Institute, 1981.

[21] RICE J R, PARIS P C, MERKLE J G. Some further results of J-integral analysis and estimates[M]//KAUFMAN J G, SWEDLOW J L, CORTEN H T, et al. Progress in Flaw Growth and Fracture Toughness Testing. West Conshohocken, PA: ASTM, 1973: 231.

[22] ERNST H A, PARIS P C, LANDES J D. Estimations of J-integral and tearing modulus T from a single specimen test record[M]//ROBERT R.

Fracture Mechanics. West Conshohocken, PA: ASTM, 1981: 476.

[23] ARONSON G, RITCHIE R. Optimization of the electrical potential technique for crack growth monitoring in compact test pieces using finite element analysis[J]. Journal of Testing and Evaluation, 1979,7(4): 208 - 215.

[24] PARIS P C, TADA H, ZAHOOR A, et al. The theory of instability of the tearing mode of elastic-plastic crack growth[M]//LANDES J D, BEGLEY J A, CLARKE G A. Elastic-plastic fracture. West Conshohocken, PA: ASTM, 1979: 5.

[25] LEEVERS P, RADON J. Inherent stress biaxiality in various fracture specimen geometries[J]. International Journal of Fracture, 1982,19: 311 - 325.

[26] LARSSON S G, CARLSSON A. Influence of non-singular stress terms and specimen geometry on small-scale yielding at crack tips in elastic-plastic materials[J]. Journal of the Mechanics and Physics of Solids, 1973,21(4): 263 - 277.

[27] BETEGON C, HANCOCK J. Two-parameter characterization of elastic-plastic crack-tip fields[J]. Journal of Applied Mechanics, 1991,58(1): 104 - 110.

[28] SHERRY A H, FRANCE C, GOLDTHORPE M. Compendium of T-stress solutions for two and three dimensional cracked geometries[J]. Fatigue & Fracture of Engineering Materials & Structures, 1995,18(1): 141 - 155.

[29] KIRK M T, DODDS R H, ANDERSON T L. Approximate techniques for predicting size effects on cleavage fracture toughness (Jc) using the elastic T stress[M]//LANDES J D, MCCABE D E, BOULET J A M. Fracture mechanics: twenty-fourth volume. West Conshohocken, PA: ASTM, 1994: 62.

[30] O'DOWD N P, SHIH C F. Two-parameter fracture mechanics: theory and applications[M]//LANDES J D, MCCABE D E, BOULET J A M. Fracture mechanics: twenty-fourth volume. West Conshohocken, PA: ASTM, 1994: 21.

第 5 章　裂纹尖端张开位移

5.1　引言

在20世纪60年代末引入 J 作为用于测量存在一定塑性时韧性的断裂参数之前，英国的 Wells 提出，裂纹张开位移，即现在所称的裂纹尖端张开位移（crack tip opening displacement，CTOD），可以用作材料韧性过强而无法通过线弹性断裂力学来表征时的断裂判据[1]。其认为临界位移与断裂开始相关，因此可以用作韧性度量，这一观点当然是合理的。由于裂纹尖端位移与裂纹尖端应力和应变一样，是独特且自主的，在线弹性条件下由 K_I 表征，在非线弹性条件下（满足相关有效性标准）由 J 表征的 HRR 场表征，因此，式（3.1）和式（4.2）中这两个奇异场的裂纹尖端位移也同样如此。因此，CTOD 可以作为另一种断裂力学表征参数的基础。实际上，它在某些行业，如海上石油和天然气行业，被广泛用作评定焊缝韧性的手段。

5.2　裂纹尖端张开位移的计算

裂纹前方存在塑性区意味着裂纹尖端会经历一定程度的钝化，这可以在模式 I 中用裂纹尖端有限张开位移 δ_t 来描述，即 CTOD。图 5.1 中显示了一个常用的定义，即测量从裂纹尖端到裂纹侧面的两条正交线的交点处的总张开位移。这接近于钝化前原始裂纹尖端位置的张开位移。

CTOD 与裂纹尖端场唯一定义的裂纹位移有关，使用这些奇异解，CTOD

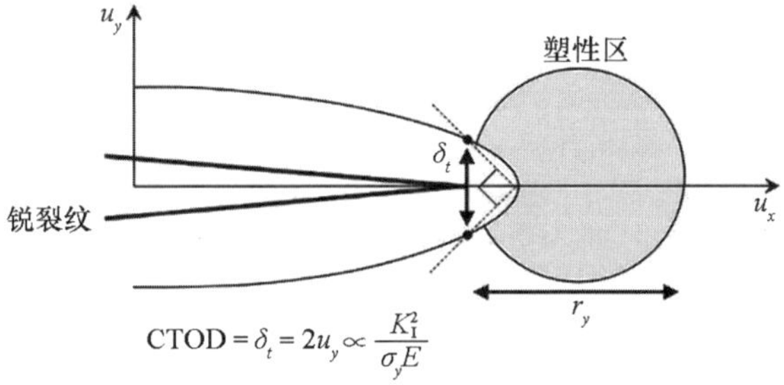

图 5.1　CTOD 的定义

可以很容易地与其他表征参数（如K_I，G 和 J）相关联。在 SSY 条件（模式Ⅰ）下，可以从线弹性奇异解［式（3.2）］中定义的裂纹尖端后特定距离（约为r_y）处的位移 2 u_y确定δ_t，如图 5.1 所示。从式（3.2）可以得出，位移u_y可以表示为：

$$u_y = \frac{4}{E'}K_\mathrm{I}\sqrt{\frac{r_y}{2\pi}} \tag{5.1}$$

使得 CTOD 由屈服强度σ_y表示为：

$$\delta_t = 2\,u_y = \frac{4}{\pi}\left(\frac{K_\mathrm{I}^2}{\sigma_y E}\right) = \frac{4}{\pi}\left(\frac{G}{\sigma_y}\right) \tag{5.2}$$

式中塑性区半径r_y由式（3.7）给出，$E' = E$（杨氏模量）用于平面应力，$E/(1-\nu^2)$用于平面应变（ν 为泊松比）。

描述 CTOD 的更常用的关系是 Dugdale/Barenblatt 条带屈服模型[2-3]，该模型将塑性区模拟为裂纹尖端前方的条带屈服区。使用这个模型，CTOD 由条带屈服区末端的位移给出，即

$$\delta_t \approx \left(\frac{K_\mathrm{I}^2}{\sigma_y E}\right) \approx \left(\frac{G}{\sigma_y}\right)(\text{平面应力}) \tag{5.3}$$

$$\delta_t \approx \frac{1}{2}\left(\frac{K_\mathrm{I}^2}{\sigma_y E'}\right) \approx \frac{1}{2}\left(\frac{G}{\sigma_y}\right)(\text{平面应变}) \tag{5.4}$$

然而，对 CTOD 与其他表征参数关系的最详细分析是 Shih[4]关于δ_t如何与 J 积分相关的非线弹性分析，同样使用两倍的u_y裂纹位移，但现在由 HRR 场［式（4.4）］定义。Shih 的分析表明：

$$\delta_t \approx \frac{d_N J}{\sigma_0} \tag{5.5}$$

式中，σ_0为流动应力，d_N为无量纲常数，对于平面应力，其值在 0.1 ~ 1.0 变化，对于平面应变，其值在 0.1 ~ 0.8 变化，具体取决于应变硬化系数 N，并且更弱地取决于屈服应变σ_0/E。d_N随这些因素的变化，如图 5.2 所示，改编自 Shih 的论文[4]。事实上，基于 HRR 奇异场，δ_t可以与式（5.5）中的 J 唯一相关，这为将 CTOD 视为非线弹性条件下断裂的有效表征参数提供了基础，就像 J 一样。

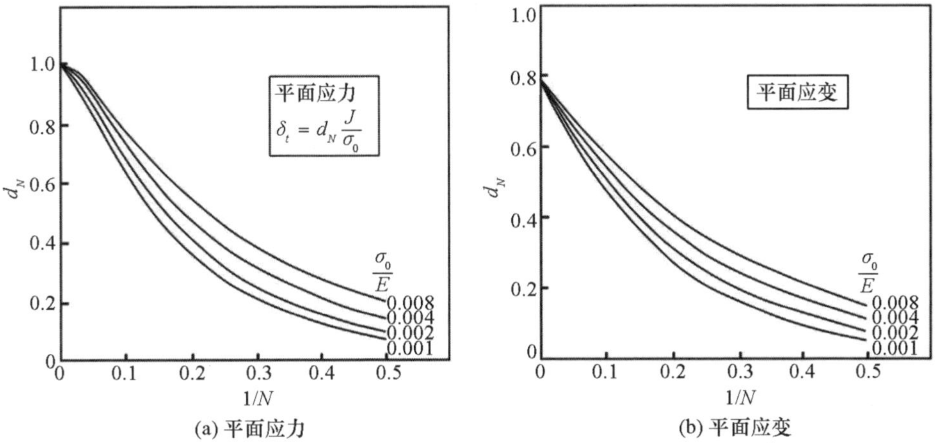

图 5.2　无量纲常数d_N在关系式 J 与 CTOD 之间的非线弹性 HRR 场中的变化

5.3　裂纹尖端张开位移的测量

从 1979 年首次发布的英国标准 BS5762 开始，国际上已经发布了多项用于测量 CTOD 的标准，目前使用的是 ISO 标准 12135[5]（还有一个专门的 ISO 标准 15653，专用于焊接件）。

估计初始原子级尖锐裂纹尖端的 CTOD 的一般方法是使用“铰接法”，通过测量裂纹口张开位移V_p，然后在假设样品作为两个刚性半部分围绕位于剩余未开裂区域某一部分的铰接点旋转的情况下，推断裂纹尖端的相应位移[5]。三点弯曲试样的设置，包含长度为 a 的裂纹和剩余为开裂尺寸 $b = (W - a)$ 的裂纹，如图 5.3 所示。对于这样的 SE(B)样品，使用安装在刀刃（高度为

z）上的位移计或夹式量规测量V_p，刀刃附着在试样的上表面。然后，如果铰接点位于距离裂纹尖端 rb 的位置，其中 r 是一个介于 0 ~ 1 的无量纲常数，则可以使用相似三角形估计裂纹尖端的位移 δ_t，如下所示：

$$\frac{\delta_t}{rb}=\frac{V_p}{rb+a+z} \tag{5.6}$$

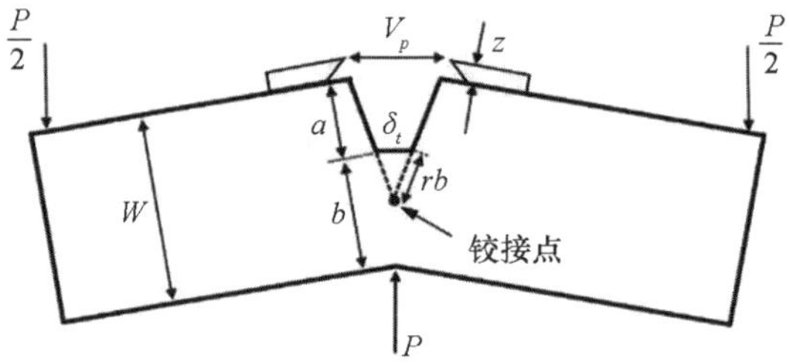

图 5.3　使用“铰接法”测量预裂（三点）单边缺口弯曲试样的裂纹尖端张开位移 δ_t，该位移由裂纹口张开位移V_p得出

在 ISO 12135 标准[5]中，裂纹尖端张开位移 δ_t被分为弹性和塑性部分（$\delta_t=\delta_{el}+\delta_{pl}$），其中 δ_{el}是使用线弹性应力强度K_I和从式（5.6）得到的δ_{pl}，根据式（5.3）计算得出的，即在平面应变条件下：

$$\delta_t=\frac{K_\mathrm{I}^2}{2\sigma_y E'}+\frac{r_p b_0 V_p}{r_p b_0+a_0+z} \tag{5.7}$$

式中σ_y为屈服应力，E'为平面应变杨氏模量$E'=E/(1-\nu^2)$，a_0和b_0分别为裂纹长度和未裂尺寸的初始值，r_p为塑性旋转常数，对于 SE(B)样品，该常数为 $r_p=0.4$，对于 C(T)样品，该常数为 0.46［尽管为了使式（5.7）代表这种几何形状，需要在载荷线上测量V_p，即$V_p=\Delta_{LL}$的位置］。

为了确定δ_t（Δa）R 曲线，与第 4.6.2 节中的J_R（Δa）曲线一样，需要在每个测量的裂纹扩展增量处计算 CTOD，以便对于第 i 个测量点，使用当前应力强度$K_{[i]}$和裂纹长度$a_{[i]}$的值来计算 CTOD：

$$\delta_{t[i]}=\frac{K_{\mathrm{I}[i]}^2}{2\sigma_y E'}+\frac{(1-r_p)\Delta a_{[i]}+r_p b_0 V_{p[i]}}{r_p b_{[i]}+a_{[i]}+z} \tag{5.8}$$

式中 $\Delta a_{[i]}=a_{[i]}-a_0$。根据 ISO 12135 标准[5]，如果满足两个标准，则认为 δ_t（Δa）R 曲线是有效的，具体为：

$$\Delta a_{\max}\leqslant 0.25\,b_0 \text{和} \delta_{t,\max}\leqslant \min(B/30;a_0/30;b_0/30) \tag{5.9}$$

式中 B 为样品厚度。

最后的要求是评估在载荷 - 位移曲线的哪个点测量 CTOD。标准[5]中描述了几种情况。

（1）如果最终失效前没有稳定的裂纹扩展，则 δ_t 在断裂不稳定时定义为 δ_c。

（2）如果最终失效前有稳定的裂纹扩展，则 δ_t 同样在断裂不稳定时定义为 δ_u。

（3）如果最大载荷前没有发生不稳定，则可以在最大载荷时将 δ_t 定义为 δ_m。

（4）最好在裂纹萌生时定义 δ_t，即 δ_i，但这必须从 R 曲线中测量得出。

5.4　裂纹尖端张开角

与应力强度和 J 积分等断裂参数不同，CTOD 是一个物理上真实的实体。可以设想裂纹尖端位移如何与两个粒子之间的应变相关，以通过微孔聚结诱导韧性断裂；事实上，有一些模型（例如，参考文献［6］）提出了一种情景，即断裂时的临界 CTOD 由 $\delta_{\mathrm{Ic}} \approx (0.5 \sim 2.0) d_p$ 给出，其中 d_p 是粒子的平均间距。

此外，$\delta_t(\Delta a)R$ 曲线的斜率 $\mathrm{d}\delta_t/\mathrm{d}a$ 是裂纹尖端张开角 φ_t，它可以作为裂纹扩展断裂韧性的另一个衡量标准。这个参数在表征宏观断裂性能方面很少使用，尽管有关于其在管道钢裂纹萌生和阻滞方面应用的研究[7]。一个问题是，它可能很难根据裂纹尖端张开剖面的形式进行数值定义。然而，与 CTOD 一样，它是一个物理上真实的实体，可以与稳定裂纹扩展的物理学相关联。事实上，第 6.3.3 节描述了一个基于恒定裂纹尖端张开角（crack tip opening angle，CTOA）准则的模式 I 拉伸裂纹稳定增长的微力学模型。

参考文献

［1］ WELLS A A. Unstable crack propagation in metals：cleavage and fast fracture [C]//Proceedings of the Crack Propagation Symposium. Cranfield，UK，1961：210 - 228.

[2] DUGDALE D S. Yielding of steel sheets containing slits[J]. Journal of the Mechanics and Physics of Solids, 1960,8(2): 100 – 104.

[3] BARENBLATT G I. The mathematical theory of equilibrium cracks in brittle fracture[J]. Advances in Applied Mechanics, 1962,7: 55 – 129.

[4] SHIH C. Relationships between the J-integral and the crack opening displacement for stationary and extending cracks [J]. Journal of the Mechanics and Physics of Solids, 1981,29(4): 305 – 326.

[5] Metallic materials-unified method of test for the determination of quasistatic fracture toughness: International standard ISO 12135 [S]. Geneva: International Standards Organization, 2016.

[6] RICE J R, JOHNSON M A. The role of large crack tip geometry changes in plane strain fracture[M]//KANNINEN M F, ADLER W F, ROSENFIELD A R, et al. Inelastic behavior of solids. New York, NY: McGraw-Hill, 1970: 641 – 672.

[7] WANG J, SHUAI J. Measurement and analysis of crack tip opening angle in pipeline steels[J]. Engineering Fracture Mechanics, 2012,79: 36 – 49.

[8] RICE J R, DRUGAN W J, SHAM T L. Elastic-plastic analysis of growing cracks[M]//PARIS P C. Fracture mechanic. West Conshohocken, PA: ASTM, 1980: 189.

第6章 断裂的微观力学模拟

6.1 引言

连续介质力学作为断裂力学的基础，它的强大之处在于可以轻易地应用于脆性断裂和韧性断裂，以及环境致裂、蠕变和疲劳失效等。$K_{\mathrm{I}}=K_{\mathrm{Ic}}$、$G=G_{\mathrm{Ic}}$或$J=J_{\mathrm{Ic}}$等连续介质力学断裂准则，都是宏观准则，因此与失效的微观机制无关。尽管如此，在许多情况下，还是基于微观结构特征发展了针对断裂模式的微观模型，例如解理断裂的临界应力模型[1]和微孔聚合的临界应变模型[2-3]。如果这种微观力学模型可以嵌入基于断裂力学的宏观准则中，则可以考虑断裂的机制。这种方法被称为断裂的微观力学模拟。在使用连续介质模型时，实际上只需要知道表征了裂纹尖端应力和应变的K_{I}或J等表征参数；而对于微观力学模拟，需要知道与特定断裂机制相关的裂纹尖端应力和应变的实际分布。

6.2 断裂机制

在描述基于这些裂纹尖端场的微观力学模型之前，我们将简要解释韧性断裂和脆性（过载）断裂的主要机制。图6.1（a）中的应力分布是幂硬化固体的HRR渐近场[4-5]，并显示了有限元解[6]以进行比较，两者均被Rice和Johnson的近尖端钝化解[7]（初始屈服应变σ_0/E为0.0025）截断。横坐标相对于$(K/\sigma_0)^2$和δ_t（CTOD）进行了归一化；纵坐标除以了流动应力σ_0。图

6.1（b）中的应变分布基于小范围屈服和完全塑性条件下的有限几何钝化解[7-8]，还显示了应力状态的相应变化，该应力状态根据静水压力和等效应力的比率$\sigma_m/\bar{\sigma}$[1] 进行定义，横坐标除以了 δ_t。

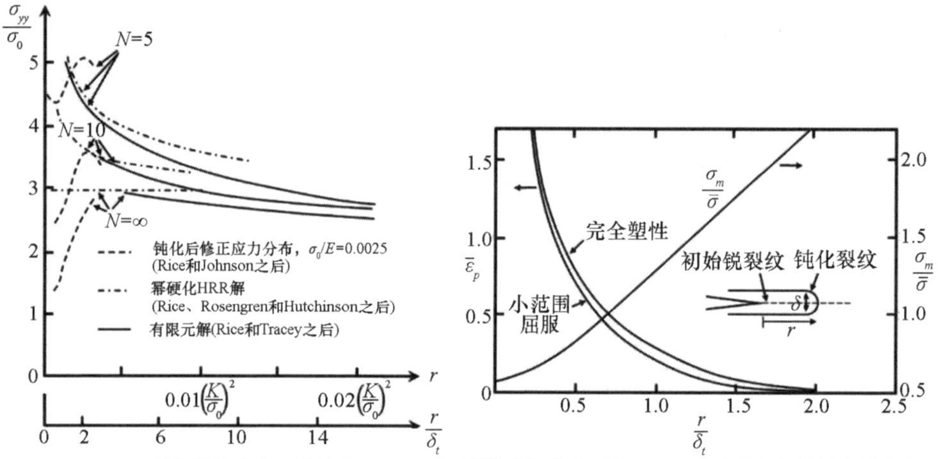

(a) 局部拉伸应力σ_{yy}的分布　(b) 裂纹尖端前方距离$r=x(\theta=0)$处的局部等效塑性应变$\bar{\varepsilon}_p$

图 6.1　平面应变中的裂纹尖端场

韧性断裂和脆性断裂的区别是什么？这主要与断裂机制中涉及的塑性或非弹性变形的程度有关。事实上，非弹性是提升材料固有韧性的关键，因为它可以消散局部高应力，否则这些高应力可能会导致断裂[2]。从基本原理上讲，脆性断裂涉及原子键的断裂（例如，裂纹尖端高应力区域），而不涉及塑性。相反，在韧性断裂中，首先从尖端发射一个导致裂纹钝化的位错（例如，在金属结构中）。然而，实际材料中的断裂模式总是介于这两个极端之间，即使对于脆性断裂，也总是涉及一定程度的非弹性——只是程度不同而已。这些模式包括微孔聚结的韧性断裂以及准解理、晶间开裂和穿晶解理的脆性断裂。

[1] 静水压力是平均正应力：$\sigma_m=\frac{1}{3}(\sigma_{xx}+\sigma_{yy}+\sigma_{zz})$。等效（Mises）应力由$\bar{\sigma}=\left\{\frac{1}{2}[(\sigma_{xx}-\sigma_{yy})^2+(\sigma_{yy}-\sigma_{zz})^2+(\sigma_{zz}-\sigma_{xx})^2]+3(\sigma_{xy}^2+\sigma_{yz}^2+\sigma_{zx}^2)\right\}^{\frac{1}{2}}$给出，等效塑性应变由$(\mathrm{d}\varepsilon_p)^2=\frac{4}{9}\left\{\frac{1}{2}[(\mathrm{d}\varepsilon_{xx}-\mathrm{d}\varepsilon_{yy})^2+(\mathrm{d}\varepsilon_{yy}-\mathrm{d}\varepsilon_{zz})^2+(\mathrm{d}\varepsilon_{zz}-\mathrm{d}\varepsilon_{xx})^2]+3(\mathrm{d}\varepsilon_{xy}^2+\mathrm{d}\varepsilon_{yz}^2+\mathrm{d}\varepsilon_{zx}^2)\right\}$给出。

6.2.1 韧性断裂

结构材料中韧性断裂的典型模式是第二相粒子（如夹杂物或析出物）处形成的微孔聚结，如图 6.2（a）中断裂表面上的韧窝所示。这种断裂过程总是由应变控制的，其中微孔最初是由颗粒从基体中脱粘而产生的，尽管它们也可以由颗粒断裂产生；随后这些微孔在施加的应变下生长，在三向应力（例如，裂纹尖端）的作用下，直到它们通过碰撞或塑性失稳（例如，相邻微孔之间韧带处的颈缩）而聚结。由于涉及大量的塑性变形，微孔聚结通常伴随着高韧性断裂。图 6.2 中（a）和（c）是使用扫描电子显微镜获得的，而（b）和（d）是来自透射电子显微镜的复制品。

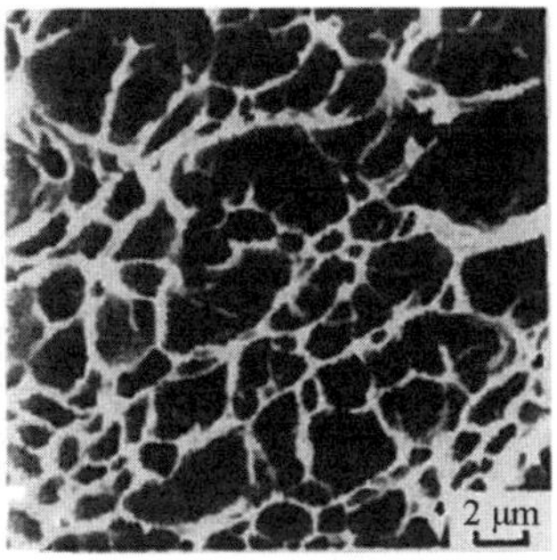

(a) 微孔聚结

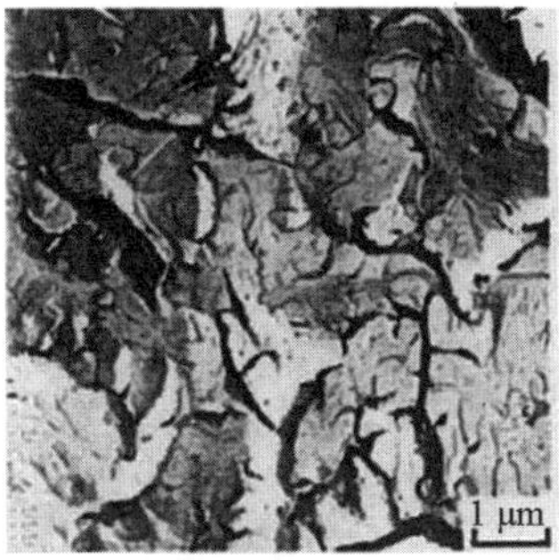

(b) 准解理

[2]塑性变形在不同的材料系统中可以采取多种形式。最著名的机制是晶体金属结构中的位错运动，但这些材料也可以通过低温下的孪生和高温下的扩散流动发生变形。由于陶瓷具有强烈的方向性键合，因此其中的位错运动更加困难，但陶瓷在高温下可以通过位错运动和扩散流动发生塑性变形。在岩石和一些陶瓷中，非弹性变形可能与微裂纹有关，而在聚合物中，变形总是由于分子键的拉伸和旋转。在生物材料（如皮肤和骨骼）中，非弹性是通过胶原蛋白纤维之间的拉伸和滑动产生的，在海贝壳中是通过构成它们的矿物砖块之间的微米级运动产生的。所有这些机制都消耗能量并有助于消散局部高应力，从而提高抗断裂性。

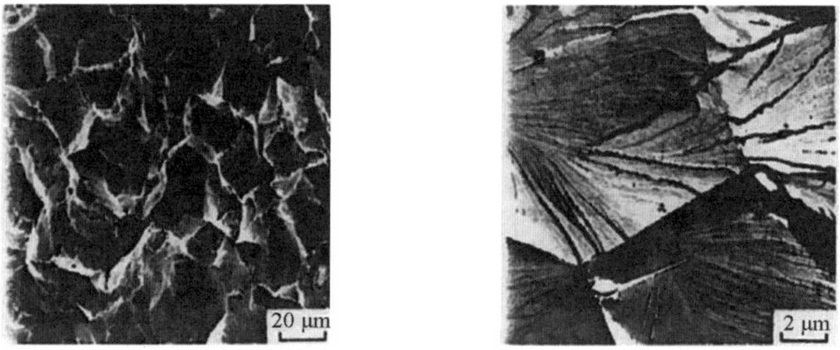

(c) 晶间断裂　　　　(d) 穿晶解理

图 6.2　典型的断裂形态

6.2.2　脆性断裂

脆性断裂有几种形式，如图 6.2（b）~（d）所示，其中最显著的是穿晶解理［图 6.2（d）］。在该形式下，灾难性断裂沿着低能量的晶体学“解理面”进行，如钢中的｛100｝面或硅和钻石中的｛111｝面。这个过程明显是局部应力控制的，在进行了大量研究的钢中，通常涉及位错在位于晶界的碳化物颗粒处堆积，碳化物颗粒断裂并将裂纹传递到铁素体基体中，在那里裂纹灾难性地扩展。解理断裂的表面往往呈“光泽”外观[3]，并在解理面上显示从每个晶粒的断裂原点辐射出的“河流花样”；这些是由在略微不同的平面上形成的相邻裂纹之间的局部“悬崖”造成的。

还有一种类似的过程，称为准解理［图 6.2（b）］，通常出现在马氏体钢中，其中断裂起源于晶粒中间的断裂颗粒（即“河流花样”从中心而不是面的边缘辐射出）。坦率地说，准解理用作描述名义上脆性断裂的“统称”，这些断裂看起来并不完全像解理。该术语指的是一种过渡断裂模式，其中解理面形成然后通过韧性断裂连接在一起。

脆性断裂的另一种主要模式是晶间断裂［图 6.2（c）］，这是一种危险的失效机制，通常是由偏析到晶界的核素导致。这可能与杂质（如钢中的 S 和 P 或金属中的 H）引起的脱粘有关，在这种情况下，它可以被认为是局部应力

[3]在过去，当人们分析灾难性解理断裂并在断裂表面上看到光泽的面时，他们会得出材料断裂的结论“……因为它已经结晶了”，这当然是一个错误的评估。

控制的断裂。它也是大多数蠕变断裂的常见失效模式，其中晶间面往往由于边界处颗粒周围的空洞化而呈现“麻点”。

6.3　解理断裂和韧性断裂模型

6.3.1　用于解理断裂的 RKR 模型

鉴于微观力学模型在特定微观结构断裂机制方面的特异性，通过这种方法实现韧性的完整微观/宏观表征仅在少数简化的情况下可以达到。其中最早的模型之一是 Ritchie-Knott-Rice（RKR）模型[1]，它用于预测铁素体钢中滑移引发的解理平面应变裂纹萌生韧性 K_{Ic}。作者将局部应力控制标准嵌入由 HRR 场［式（4.2）］定义的裂纹尖端应力分布［图 6.1（a）］中，并提出可以通过超过裂纹尖端前方特征微观结构距离 l_0^* 上的局部临界断裂应力 σ_f^* 来模拟断裂的开始。作者发现，这个特征微观结构距离大约为晶粒直径的两倍（$l_0^* \approx 2\,d_g$）［图 6.3（a）］。他们的推导过程大致如下[1,9]。

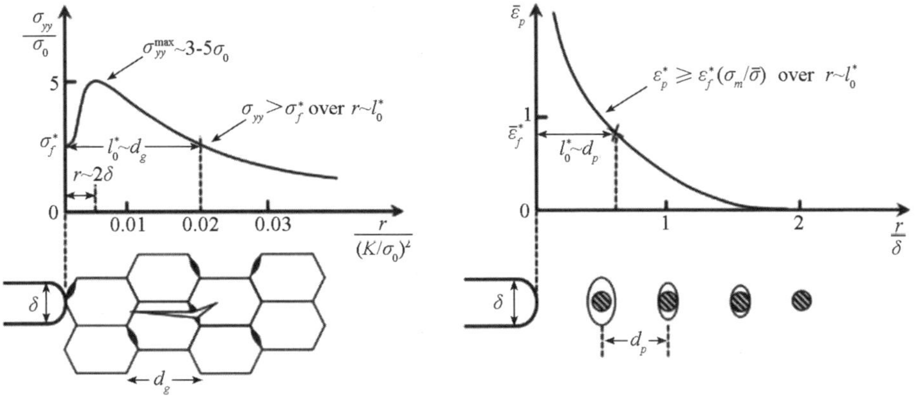

(a) 用于解理断裂的RKR临界应力控制模型　　(b) 用于微孔聚结的应力状态修正临界应变控制模型

图 6.3　相关的微观断裂标准

对于由式（4.1）中 $\bar{\varepsilon}/\varepsilon_0 = \alpha\,(\bar{\sigma}/\sigma_0)^N$ 给出本构关系的 Ramberg-Osgood 固体，其 HRR 裂纹尖端应力分布［式（4.2）］由参考文献［4－5］给出：

$$\sigma_{ij}=\sigma_0\left[\frac{J}{\alpha\,\sigma_0\varepsilon_0 I_N r}\right]^{1/N+1}\tilde{\sigma}_{ij}(\theta,N) \tag{6.1}$$

使用式（6.1）直接推导在断裂时裂纹尖端前方（位于 $\theta=0$ 处）的局部拉伸应力σ_{yy}，当宏观断裂准则由$K_{\mathrm{I}}=K_{\mathrm{Ic}}$给出，即当 $J=J_{\mathrm{Ic}}=K_{\mathrm{Ic}}^2/E'$时，得到：

$$\sigma_{yy}\doteq\sigma_0\left[\frac{K_{\mathrm{Ic}}^2}{\alpha\,I_N\sigma_0^2 r}\right]^{1/N+1}\tilde{\sigma}_{ij}(\theta,N) \tag{6.2}$$

式中流动应力为$\sigma_0=E\,\varepsilon_0$。

应用 RKR 准则［图 6.3（a）］，其中裂纹起始时的局部失效是当断裂应力σ_f^*超过特征距离l_0^*时：

$$\sigma_{yy}>\sigma_f^*\;(r=l_0^*,l_0^*\sim d_g) \tag{6.3}$$

然后将其代入式（6.2）中，得到穿晶解理断裂的断裂韧性K_{Ic}的表达式：

$$K_{\mathrm{Ic}}=\left[\frac{(\alpha\,I_N)^{\frac{1}{2}}}{\tilde{\sigma}_{yy}(\theta,N)^{\frac{N+1}{2}}}\right]\left(\frac{\sigma_f^{*\frac{N+1}{2}}}{\sigma_0^{\frac{N-1}{2}}}\right)l_0^{*\frac{1}{2}} \tag{6.4}$$

式中方括号内的第一项仅与 HRR 解中的无量纲因子有关，即角度函数$\tilde{\sigma}_{yy}$（θ，N）和积分常数I_N，这些在表[5,10]中易于获得，且 α 在本构关系中为量级为 1 的量。这个表达式表明，解理断裂韧性是局部断裂应力σ_f^*的直接函数，这当然是预期的；但它还表明，韧性与材料的强度成反比，在高加工硬化材料中会更低，这是因为在裂纹尖端处的应力会变得更高。强度和韧性之间的这种反比关系在许多材料中都有广泛体现[11]。这主要是因为更高的韧性可以通过塑性变形的增强作用来促进，而塑性变形在较低强度的材料中更为普遍。K_{Ic}也与特征距离的平方根成正比，即与晶粒尺寸d_g的平方根成正比，但有时这一点会被晶粒尺寸也影响强度和延展性的事实所掩盖。

在具有铁素体/碳化物微观结构的低碳钢中，发现特征距离与引发裂纹的晶界碳化物的间距相当，即通常为两个晶粒直径[1,12]，尽管分析其他材料时发现了不同的尺寸尺度[13]。该模型在定量预测各种微观结构中的解理断裂韧性值以及在阐明温度[1,14-15]、应变率[14-16]和中子辐照[14,16]等变量对K_{Ic}的影响方面都取得了特别成功的效果。实际上，已经有人建议对 RKR 模型进行优化，以应用于其他断裂模式，包括晶间裂纹和氢致断裂[17]。

RKR 模型还使用最弱链接统计[12,18]在随机基础上进行了重构，这可以提供关于韧性值可能分散的重要信息，并且可以进一步提供一些关于特征距离含义的见解。简单来说，这个距离代表裂纹尖端处发生断裂的最大概率位置。

由于σ_{yy}应力在裂纹尖端附近（在两个 CTOD 内）达到峰值，然后随着距离 r 远离尖端而衰减，因此人们可能会认为关键的断裂事件会发生在非常接近尖端的位置。但是，也存在找到最弱链接（例如最脆的颗粒）的统计概率，并且这种概率随着与裂纹尖端距离的增加而增加，即随着采样体积的增加而增加。最高应力集中在尖端附近，而找到最弱链接的最高概率则远离尖端，因此初始（触发）断裂事件的最大概率是在两者之间——高应力和找到最弱链接之间的妥协——在低强度铁素体钢中，这大约是裂纹尖端前方几个晶粒尺寸的距离。

6.3.2　韧性断裂的临界应变模型

对于由微孔聚结引发的韧性断裂［图 6.2（a）］，一个简单的准则是临界 CTOD（δ_{Ic}）必须超过平均引发孔洞的颗粒间距的一半，即$\delta_{\mathrm{Ic}} \approx (0.5 \sim 2.0) d_p$，其中$d_p$是平均颗粒间距。该模型基于以下观点：在非硬化材料中，当孔洞位置首次被距离裂纹尖端 $r \sim 2\,\delta_t$处的强应变区域包围时，就会发生这种情况。尽管如此，下面给出了一个首次由 McClintock[2] 提出的涉及基于应变 RKR 的改进模型，它涉及如下表述的与d_p有关［图 6.3（b）］的裂纹尖端前方特征距离上的临界应变[3]。

对于 Ramberg-Osgood 材料，HRR 裂纹尖端应变分布［式（4.2）］由下式给出：

$$\varepsilon_{ij} = \alpha\,\varepsilon_0 \left[\frac{J}{\alpha\,\sigma_0 \varepsilon_0 I_N r}\right]^{N/N+1} \tilde{\varepsilon}_{ij}(\theta, N) \tag{6.5}$$

对于大的 N，$N/(N+1) \to 1$，如裂纹尖端前方（位于 $\theta = 0$ 处）的局部拉伸应变分布，可以近似为：

$$\bar{\varepsilon}_p = \left[\frac{\tilde{\varepsilon}_{ij}(\theta, N)}{\alpha\, I_N}\right] \frac{J}{\sigma_0 r} \tag{6.6}$$

在断裂时，$J = J_{\mathrm{Ic}}$是全局准则，而局部准则是局部应变［由式（6.6）给出］在特征距离l_0^*上超过临界断裂应变（延展性），该特征距离现在与颗粒间距d_p有关［图 6.3（b）］，即

$$\bar{\varepsilon}_p > \varepsilon_f^* \text{ 当 } r = l_0^*\text{，其中 } l_0^* \sim d_p \tag{6.7}$$

将其代入式（6.6）中，得到韧性断裂的断裂韧性J_{Ic}的表达式：

$$J_{\mathrm{Ic}} = \left[\frac{\alpha I_N}{\tilde{\varepsilon}_{ij}(\theta, N)} \right] \sigma_0 \bar{\varepsilon}_f^* l_0^* \tag{6.8}$$

或者用K_{Ic}表示：

$$K_{\mathrm{Ic}} = \left[\frac{\alpha I_N}{\tilde{\varepsilon}_{ij}(\theta, N)} \right]^{\frac{1}{2}} (E' \sigma_0 \bar{\varepsilon}_f^* l_0^*)^{\frac{1}{2}} \tag{6.9}$$

式中方括号中的第一项再次与 α 的无量纲函数有关，即 HRR 解中的角度函数和积分常数（E'是杨氏模量）。

这种简单的关系意味着平面应变的断裂韧性是强度、延展性和与颗粒间距相关的特征尺寸的乘积的简单函数。

然而，有一点需要注意。这些关系中的延展性$\bar{\varepsilon}_f^*$不是单轴拉伸试验中测量的延展性，而是裂纹尖端前方高度三轴条件下的延展性。这种三轴性（或应力状态）用静水压力与等效应力的比率$\sigma_m/\bar{\sigma}$来衡量，从图 6.1（b）中可以看出，这个比率在整个裂纹尖端应变场中都在增加。由于孔洞在三轴场中的生长可以更容易地发生，因此平面应变延展性（其中$\sigma_m/\bar{\sigma}=2$）可能比单轴拉伸（其中$\sigma_m/\bar{\sigma}=1/3$）中测量的延展性小一个数量级。这是 Rice 和 Tracey[19]根据对非硬化固体中裂纹尖端前方孔洞生长的分析所作出的预测，其中，涉及颗粒间距d_p和颗粒尺寸D_p，延展性$\bar{\varepsilon}_f^*$可以看作是应力状态的逆指数函数[4]：

$$\bar{\varepsilon}_f^* \approx \frac{\ln(d_p/D_p)}{0.28\exp(1.5\,\sigma_m/\bar{\sigma})} \tag{6.10}$$

因此，为了正确使用基于应变的韧性模型，需要测量作为$\sigma_m/\bar{\sigma}$函数的延展性。为此，可以使用圆周切口拉伸试样（具有不同的切口尺寸和根部半径），然后匹配$\bar{\varepsilon}_f^*$的值到初始断裂位置的特定应力状态，即 $r=l_0^*$[14]。

那么这些模型的效果如何呢？图 6.4 显示了 SA533B 核压力容器钢作为温度函数的平面应变断裂韧性K_{Ic}，显示了温度高于 −30℃ 时的脆性到韧性的转变。在下平台上，钢发生解理断裂，RKR 准则［式（6.4）］可以预测韧性，特征距离约为 2～4 个晶粒直径（基本上是贝氏体的大小）；而在上平台上，钢发生韧性断裂，临界应变模型［式（6.8）］可以预测韧性，特征距离约为

[4]值得注意的是，Rice 和 Tracey 的分析[19]往往会高估延展性，因为它假设断裂是由不断增长的空洞的简单撞击引起的，从而忽略了由于应变集中引起的剪切带导致的任何先前聚结。然而，该分析正确地显示了韧性对应力状态($\sigma_m/\bar{\sigma}$)和纯度(d_p/D_p)的依赖性。

夹杂物间距的 5 ~ 6 倍[14]（该合金含有约 0.12% 的锰硫化物和氧化铝夹杂物，直径约为 5 ~ 10 μm）。

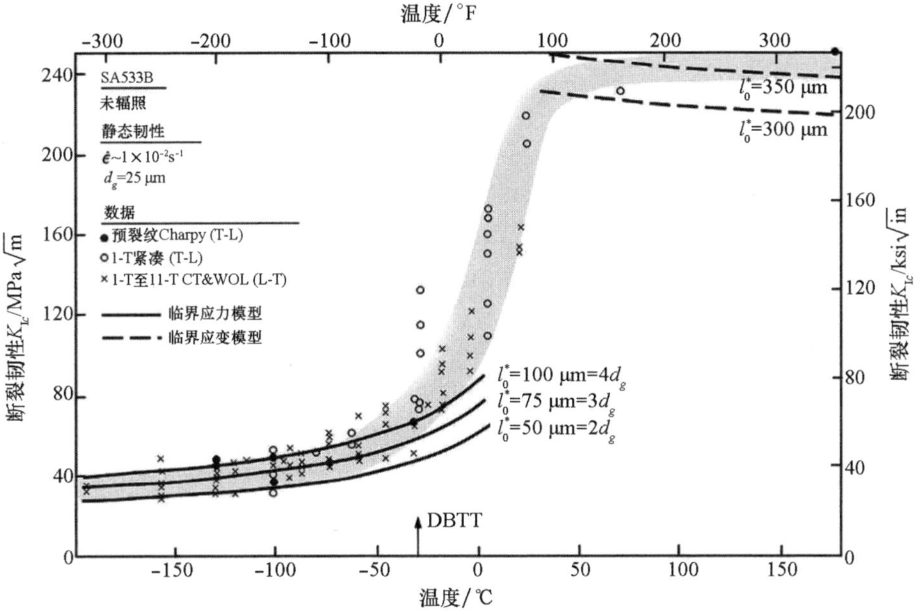

图 6.4　SA533B 核压力容器钢的实验测量断裂韧性（$K_{Ic力}$）与基于 RKR 解理断裂临界应力模型和用于微孔聚结的基于应力状态修正的临界应变模型的预测值对比

6.3.3　韧性裂纹扩展的临界 CTOA 模型

我们在 6.3.2 节中已经证明，在静止裂纹前方某一特征尺寸上达到临界应变的概念可以用来预测 Ⅰ 型裂纹萌生的断裂韧性，但这种方法对于扩展的 Ⅰ 型裂纹并不适用，因为高强度应变区域直接位于裂纹平面的上下方。然而，已经提出了用于平面应变拉伸裂纹（在裂纹尖端附近具有几何形状相似的裂纹轮廓）萌生和持续扩展的替代局部失效准则。特别感兴趣的是一个基于 CTOA（φ_t）来建立的用于裂纹扩展的模型[20]。如第 5.4 节所述，CTOA 表示 CTOD 曲线（R）的斜率（$\varphi_t = d\delta_t/da$），因此是裂纹扩展韧性的可行度量。该模型在图 6.5 展示。在扩展裂纹尖端的 CTOD（δ_p）保持不变，而原始裂纹尖端的 CTOD（δ）通过开裂量（δ_p）增加，以使每增加一个裂纹扩展量韧性裂纹就前进一个粒子间距（$l_0^* \sim d_p$）。因为 CTOA[$\varphi = \arctan(\delta_p/2d_p)$]对应于在裂纹尖端后方某一特征距离（$l_0^* \sim d_p$）处由临界值（$\delta_p$）控制的裂纹扩展，即对应于恒定 CTOA。尽管恒定 CTOA 是刚性塑性固体中稳定裂纹扩展的可行局部准则，但弹塑性分析可能导致裂纹面轮廓在裂纹尖端处立即出现垂直切线，这使得 CTOA 在数值上无法定义。然而，CTOA 是一个有用的局部参数，用于表征韧性材料中裂纹扩展的韧性，这一领域仍有待探索。

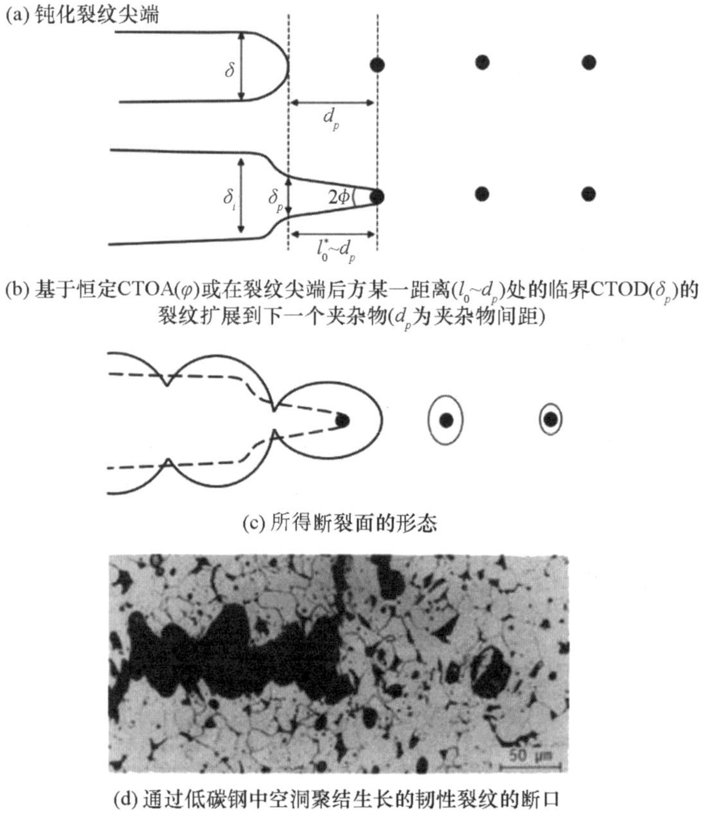

图 6.5　I 型裂纹通过微孔聚结稳定生长的模型[20]

6.4　内在增韧与外在增韧

图6.6（a）显示了多种材料类别的韧性与强度的Ashby图。其中，对角线表示塑性区尺寸（$K_c^2/\pi\sigma_y^2$），其中K_c为断裂韧性，σ_y为屈服强度。填充星号和空心圆圈分别指钯玻璃和几种金属玻璃复合材料，与单体玻璃（十字形）相比，它们是损伤容限最高的材料。图6.6（b）显示了如何通过与裂纹扩展相关的内在（塑性）与外在（屏蔽）韧化机制来考虑强度和断裂行为。到目前为止，我们所研究的产生这种韧性的机制主要是针对韧性材料（塑性占主导）。但是，对于陶瓷等脆性材料，它们不能通过这种方式来增强韧性，这又该如何呢？为此，有必要将断裂过程视为一种“冲突”——在断裂力学术语中，视为在裂纹尖端前方促进裂纹扩展的内在损伤过程与主要在裂纹尖端后方抑制裂纹扩展的外在裂纹尖端屏蔽机制之间的竞争[11,22]（图6.6b）。损伤机制取决于纳米/微观结构的性质，并涉及诸如裂纹尖端前方第二相的开裂或脱粘等过程。因此，内在增韧使这些过程更加困难，并且如上所述，主要与塑性有关，即扩大塑性区；它对裂纹的萌生和扩展都有效。相反，对于外在增韧，材料的固有断裂阻力不变；取而代之的是，裂纹桥接和裂纹偏转等机制在裂纹尖端处或更重要的是在裂纹尾迹中起作用，以降低（屏蔽）裂纹尖

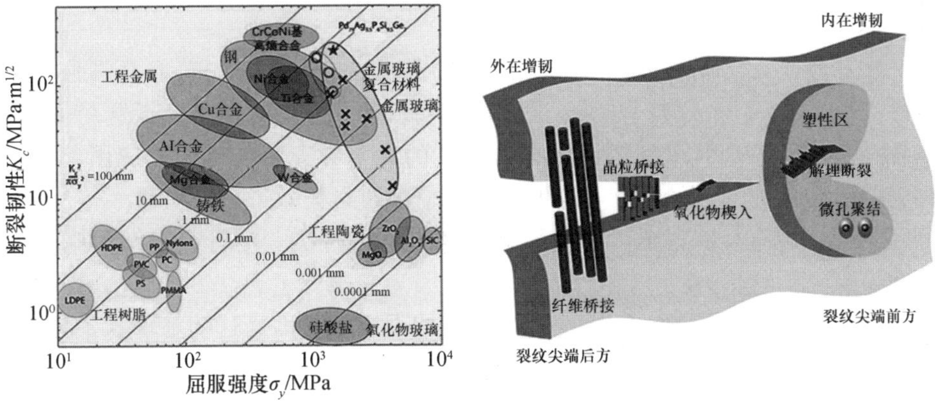

(a) 工程材料强度-韧性关系的Ashby图

(b) 通过与裂纹扩展相关的内在（塑性）与外在（屏蔽）韧化机制来考虑强度和断裂行为

图6.6　强度与韧性的冲突

端实际经历的局部应力和应变——而这些应力和应变本来会用于扩展裂纹。事实上，考虑到广泛的材料类别，外在机制可以非常多样，涉及诸如复合材料中未断裂纤维或韧性相的裂纹桥接、单体陶瓷中晶间断裂期间的晶粒摩擦互锁以及牙齿和骨骼中微裂纹间的胶原纤维桥接等过程。由于主要在裂纹尾迹中起作用，外在机制（与内在机制不同）仅对抵抗裂纹扩展有效，即它们只能影响裂纹扩展韧性——因为必须存在裂纹才能起作用，所以它们对裂纹萌生没有影响。此外，外在机制的效果取决于裂纹长度（或大小）。因此，这带来的一个主要后果是 R 曲线韧性的升高。

6.4.1 金属材料的增韧

如上所述，金属的韧性主要来源于其内在机制，其中裂纹尖端塑性是主导因素。断裂时，塑性变形通过产生位错（韧性行为）引发裂纹尖端钝化，从而降低裂纹尖端的应力集中，而不是简单地破坏那里的原子键（脆性行为）。随后，位错与微观结构中的不均匀性相互作用，以晶界处的堆积或导致第二相粒子开裂或与基体脱粘的形式提供损伤机制。如第 6.3 节中的微观力学模型所述，由此产生的断裂可能仅伴随有限的塑性变形，并呈（名义上）脆性，即局部应力控制的解理或晶间断裂（这必然导致低韧性）；或涉及更广泛的塑性变形以导致韧性断裂（微孔聚结），这是局部应变控制的，并且在金属中总是导致更高的韧性。

由于塑性是金属材料内在增韧的主要贡献者，因此它们普遍面临强度和韧性之间的冲突——材料越强，可用于增韧的塑性就越少。出于这个原因，从钢制压力容器和管道到铝合金飞机机体的大多数安全关键结构应用，都是由这些合金的相对较低强度版本制造，以避免过早失效带来的问题。

然而，也有一些情况可以克服强度和韧性的冲突。尽管金属结构中较低的应变硬化通常更有利于脆性断裂韧性，因为它限制了裂纹尖端应力的升高；但稳定的高应变硬化源对于韧性断裂韧性特别有效，因为这明显增强了强度，同时延迟了塑性失稳（颈缩），从而有助于提高均匀延性。孪生诱导塑性钢和基于 CrCoNi 的高熵合金就是显著的例子，其中变形孪生在诱导塑性变形中的主导作用产生了显著的应变硬化；实际上，高熵合金显示出一些有记录的最高韧性，且不影响强度[23]，如图 6.6（a）所示。

6.4.2　陶瓷材料的增韧

与金属材料相反，在低温下，大多数结构陶瓷，如Al_2O_3，ZrO_2，SiC 和 Si_3N_4，几乎完全没有塑性变形。这是由于缺乏可移动位错活动（由于其强方向性键合的高 Peierls 力），另外，其他形式的非弹性变形，如微裂纹和原位相变，可以提供有限的替代变形机制。由此产生的影响是，陶瓷本质上是脆性的，并且对缺陷极其敏感。实际上，它们基本上无法内在地增韧；在没有外在屏蔽机制的情况下，断裂总是灾难性的（裂纹萌生与失稳同时发生），通过裂纹尖端的内聚键断裂，导致非常低的（内在）韧性，大约为 $1\sim3\mathrm{MPa}\sqrt{\mathrm{m}}$。

陶瓷的增韧，与几乎所有脆性材料一样，必须通过外在方式实现，即通过使用可以促进裂纹尖端屏蔽机制的微观结构，屏蔽机制包括裂纹偏转、原位相变、约束微裂纹（尽管这种机制通常不太有效）以及最重要的裂纹桥接[24]（图6.7）。注意，所有机制都是外在性质的，除了屏蔽裂纹尖端外，它们还促进非弹性变形，导致非线性应力/应变关系[25]。外在机制本质上导致 R 曲线行为，因为它们在裂纹尖端处或主要在其后方起作用，以降低有效的裂纹驱动力；它们是裂纹扩展增韧的机制。实际上，R 曲线的早期部分（在裂纹扩展最初的约 100 μm 内）对陶瓷也非常重要，因为这决定了它们在实际缺陷尺寸下的断裂强度。最终的强度显著取决于 R 曲线的细节以及初始缺陷尺寸，因此优化强度与韧性可以涉及不同微观结构的选择。

就裂纹偏转而言，如第 3.6.2 节所述，将 I 型裂纹从最大拉应力平面偏转可以降低裂纹尖端的有效（局部）驱动力。这已被证明在控制多种材料的韧性以及亚临界裂纹扩展方面起着重要作用，包括从脆性陶瓷的韧性[26]到韧性金属合金的疲劳裂纹扩展[27]。对于图 3.20 中的简单倾斜裂纹，在 30°和 90°的面内偏转下，裂纹驱动力的降低可以分别达到10%和50%；相关裂纹扭曲时可以实现更大的降低。这种驱动力的降低仅取决于偏转角度，但偏转裂纹段的大小可以对裂纹扩展的动力学产生额外影响，因为它决定了经历降低驱动力的裂纹扩展的程度。因此，通过裂纹偏转的屏蔽可以更显著地影响亚临界裂纹扩展速率，特别是在疲劳中，通过裂纹闭合它可以促进额外的裂纹尖端屏蔽。

陶瓷中一种特别有效的外在增韧形式是相变增韧，这在许多氧化锆基陶

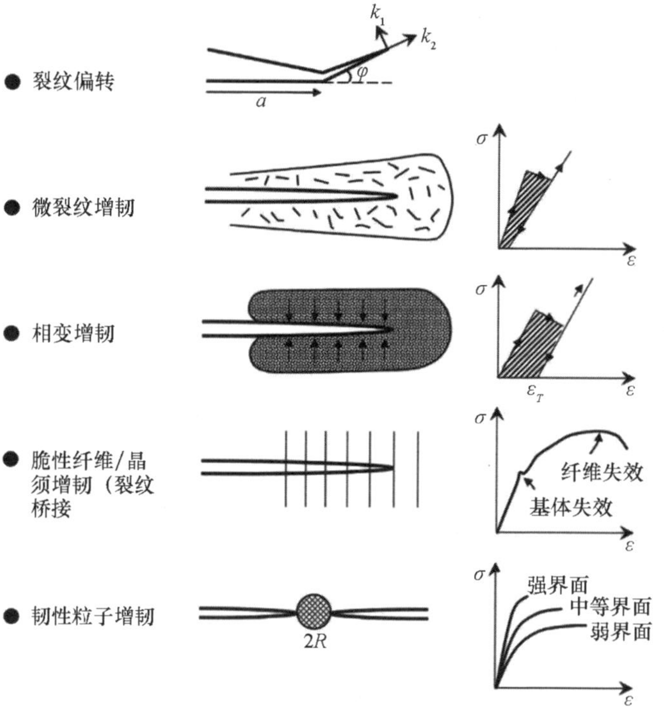

图 6.7　陶瓷和陶瓷基复合材料中几种主要的增韧机制

瓷中都可以看到，如部分稳定的氧化锆。在这类陶瓷中可以在裂纹尖端前方的高应力区域发生应力诱导的马氏体相变，其中四方相ZrO_2沉淀物转变为单斜相，并有$\varepsilon_T \approx 2\% \sim 4\%$的伴随膨胀。由于未转变材料提供的周围约束，这会在裂纹尖端的转变区内产生$\sigma_R \sim E' f_v \varepsilon_T$的压应力，其中$E'$为弹性模量，$f_v$为转变沉淀物的体积分数。这导致产生压缩屏蔽应力强度K_s，反对抗施加的K_{I}，以至于当裂纹扩展到这个区域时，裂纹尖端的有效应力强度逐渐降低，从而导致 R 曲线上升，其中峰值（稳态）K_c韧性由参考文献［28］给出：

$$K_c = K_0 + 0.22\,\varepsilon_T E' f_v \sqrt{h} \tag{6.11}$$

式中，h 为转变区的大小，$h \sim \dfrac{1}{2\pi}(K_c/\sigma_T)^2$，其中$\sigma_T$为转变应力。部分稳定氧化锆的断裂韧性$K_c$可以接近 15 MPa $\sqrt{\mathrm{m}}$，比非转变氧化锆的内在韧性K_0高出约 5 倍。尽管这是一种非常有效的外在增韧机制，但它仅适用于在相对低温下热力学可行的特定陶瓷。约束微裂纹增韧虽然是一种与相变增韧类似的机制，但其原则上可以在任何温度下发生。许多脆性材料都已知会发生微裂纹，包括岩石、陶瓷和骨骼。在高应力下（宏观）裂纹附近发生约束微裂纹在原则上可以产生与相变增韧相似的膨胀效应，只是这种外在增韧效应的大小似乎并不那么显著。不过微裂纹是一种非弹性形式，可以缓解高应力区域，并且在许多材料中它还可以导致未开裂区域桥接，这使得它可以在许多工程和生物材料中产生显著的增韧效果。

最普遍存在的屏蔽形式是裂纹桥接，它以不同的类型存在于几乎所有种类的材料中，特别是天然和生物材料。在这种屏蔽形式下，完整的“特征”会跨越裂纹的开口，从而在扩展裂纹时承载原本用于促进开裂的载荷。这些“特征”包括某些增强材料，如聚合物和陶瓷复合材料中的纤维、主裂纹和前方萌生的（微）裂纹之间的无裂纹韧带，这是陶瓷、岩石和骨、牙本质等生物材料中常见的增韧机制[29]，以及在粒间断裂过程中与互锁晶粒相关的摩擦桥接，这是具有工程晶界的整体结构陶瓷（如 Al_2O_3、Si_3N_4和 SiC）增韧的主要和最有力的来源。延性相也可以作为可变形的桥梁，如在橡胶增韧聚合物和某些延性相金属间复合材料中。

6.4.3　聚合物材料的增韧

聚合物不包含晶面、位错或晶界，通常由共价键合的分子网络组成。在热塑性聚合物中，这些网络以长链的形式存在，通过次要的范德华键松散地结合在一起。最终断裂通常需要破坏主键，但次键在导致断裂的变形机制中经常发挥主要作用。由于它们通常是与应变率相关的材料，因此应变率、温度和分子结构等因素对聚合物的延展性和韧性有很强的影响。在高应变率/低温（相对于玻璃化转变温度）下，聚合物倾向于脆性，因为没有足够的时间让屈服或更大规模的粘弹性机制对应力做出响应。剪切屈服和银纹化是这里相互竞争的机制。剪切屈服类似于金属中的塑性流动：当受到临界剪切应力时，分子会相对于彼此滑动。银纹化发生在受拉伸应力的玻璃态聚合物中，代表高度局部化的变形，会导致空化（空洞形成）。与剪切屈服相比，由于裂纹尖端处存在三轴应力状态，银纹更有可能出现在裂纹尖端之前。当银纹后缘的原纤维断裂，裂纹就会扩展。换句话说，银纹区的空洞与裂纹尖端合并，这与金属中的微孔聚结类似。银纹裂纹的扩展可以是稳定的，也可以是不稳定的，这取决于材料的相对韧性。

6.4.4 复合材料的增韧

以纤维、晶须或颗粒的形式加入增强相也可以使材料增韧，尽管其动机可能更多是为了提高强度和/或刚度。对于增韧而言，裂纹桥接仍然是最主要的机制，特别是在陶瓷基复合材料中；当基体失效时，通过利用与基体结合较弱的纤维保持完好并跨越裂纹尾部，作为桥梁来抑制裂纹张开[24]。

相比之下，金属基复合材料的增韧技术发展相对滞后，部分原因是许多此类复合材料的设计都具有强化的增强体－基体界面，因此不会产生显著的裂纹桥接。在由脆性不连续颗粒相增强的金属基复合材料中，如铝合金－碳化硅复合材料，其主要目的是提高强度，有时也提高耐磨性。然而，由于微裂纹在碳化硅颗粒处形成，这些微裂纹距离裂纹尖端还有一段距离，尚未与主裂纹连接，因此形成的未开裂韧带会产生裂纹桥接，从而产生韧性。

连续纤维增强聚合物复合材料虽然成本高昂，但在航空航天结构和其他轻型结构应用中使用越来越多。通常在其中添加具有良好基体/纤维界面的高体积分数的碳纤维（石墨纤维），以提高强度和刚度。在少量的应用中，也添加连续玻璃纤维和陶瓷纤维来提高强度。对于非连续增强相，可以向聚合物中添加橡胶颗粒来促进裂纹偏转和桥接，因为裂纹会倾向于沿着低模量的橡胶相扩展，而橡胶相在保持完好的情况下，可以作为可变形的桥梁跨越裂纹。

参考文献

[1] RITCHIE R O, KNOTT J F, RICE J. On the relationship between critical tensile stress and fracture toughness in mild steel[J]. Journal of the Mechanics and Physics of Solids, 1973,21(6): 395－410.

[2] MCCLINTOCK F. A criterion for ductile fracture by the growth of holes[J]. Journal of Applied Mechanics, 1968,35(2): 363－371.

[3] MACKENZIE A, HANCOCK J, BROWN D. On the influence of state of stress on ductile failure initiation in high strength steels[J]. Engineering

Fracture Mechanics, 1977,9(1): 167 - 188.

[4] RICE J R, ROSENGREN G. Plane strain deformation near a crack tip in a power-law hardening material[J]. Journal of the Mechanics and Physics of Solids, 1968,16(1): 1 - 12.

[5] HUTCHINSON J. Singular behaviour at the end of a tensile crack in a hardening material [J]. Journal of the Mechanics and Physics of Solids, 1968,16(1): 13 - 31.

[6] TRACEY D. Finite element solutions for crack-tip behavior in small-scale yielding[J]. Journal of Engineering Materials and Technology, 1976,98(2): 146 - 151.

[7] RICE J R, JOHNSON M A. The role of large crack tip geometry changes in plane strain fracture[M]//KANNINEN M F, ADLER W F, ROSENFIELD A R, et al. Inelastic behavior of solids. New York, NY: McGraw-Hill, 1970: 641 - 672.

[8] MCMEEKING R M. Finite deformation analysis of crack-tip opening in elastic-plastic materials and implications for fracture [J]. Journal of the Mechanics and Physics of Solids, 1977,25(5): 357 - 381.

[9] RITCHIE R, THOMPSON A. On macroscopic and microscopic analyses for crack initiation and crack growth toughness in ductile alloys[J]. Metallurgical Transactions A, 1985, 16: 233 - 248.

[10] SHIH C F. Division of engineering[R]. Providence, RI: Brown University, 1983.

[11] RITCHIE R O. The conflicts between strength and toughness[J]. Nature Materials, 2011,10(11): 817 - 822.

[12] LIN T, EVANS A, RITCHIE R. A statistical model of brittle fracture by transgranular cleavage[J]. Journal of the Mechanics and Physics of Solids, 1986,34(5): 477 - 497.

[13] WATANABE J, IWADATE T, TANAKA Y, et al. Fracture toughness in the transition region[J]. Engineering Fracture Mechanics, 1987,28(5 - 6): 589 - 600.

[14] RITCHIE R, SERVER W, WULLAERT R. Critical fracture stress and

fracture strain models for the prediction of lower and upper shelf toughness in nuclear pressure vessel steels[J]. Metallurgical Transactions A, 1979,10: 1557－1570.

[15] CURRY D. Predicting the temperature and strain rate dependence of the cleavage fracture toughness of ferritic steels [J]. Materials Science and Engineering, 1980,43(2): 135－144.

[16] PARKS D M. Interpretation of irradiation effects on the fracture toughness of a pressure vessel steel in terms of crack tip stress analysis[J]. Journal of Engineering Materials and Technology, 1976,98(1): 30－35.

[17] NOVAK P, YUAN R, SOMERDAY B, et al. A statistical, physical-based, micro-mechanical model of hydrogen-induced intergranular fracture in steel [J]. Journal of the Mechanics and Physics of Solids, 2010, 58 (2): 206－226.

[18] CURRY D, KNOTT J. Effect of microstructure on cleavage fracture toughness of quenched and tempered steels[J]. Metal Science, 1979,13(6): 341－345.

[19] RICE J R, TRACEY D M. On the ductile enlargement of voids in triaxial stress fields[J]. Journal of the Mechanics and Physics of Solids, 1969,17(3): 201－217.

[20] RICE J R, DRUGAN W J, SHAM T L. Elastic-plastic analysis of growing cracks[M]//PARIS P C. Fracture Mechanic. West Conshohocken, PA: ASTM, 1980: 189.

[21] KNOTT J F. Fundamentals of fracture mechanics [M]. London, UK: Butterworths, 1973.

[22] LAUNEY M E, RITCHIE R O. On the fracture toughness of advanced materials[J]. Advanced Materials, 2009,21(20): 2103－2110.

[23] GLUDOVATZ B, HOHENWARTER A, CATOOR D, et al. A fracture-resistant high-entropy alloy for cryogenic applications[J]. Science, 2014, 345(6201): 1153－1158.

[24] EVANS A G. Perspective on the development of high-toughness ceramics [J]. Journal of the American Ceramic Society, 1990,73(2): 187－206.

[25] RITCHIE R O. Mechanisms of fatigue-crack propagation in ductile and brittle solids[J]. International Journal of Fracture, 1999,100: 55 -83.

[26] FABER K T, EVANS A G. Crack deflection processes—I. Theory[J]. Acta Metallurgica, 1983,31(4): 565 -576.

[27] SURESH S. Crack deflection: implications for the growth of long and short fatigue cracks[J]. Metallurgical Transactions A, 1983, 14: 2375 -2385.

[28] MCMEEKING R, EVANS A. Mechanics of transformation-toughening in brittle materials[J]. Journal of the American Ceramic Society, 1982,65(5): 242 -246.

[29] WEGST U G, BAI H, SAIZ E, et al. Bioinspired structural materials[J]. Nature Materials, 2015,14(1): 23 -36.

第 7 章　亚临界裂纹扩展的应用

7.1　引言

1961 年，Paul Paris 与他的同事 Mario Gomez 以及 William Anderson 在波音公司提出了一个假设，即疲劳引起的亚临界裂纹扩展也与应力强度有关[1]。其前提是，由于K_I唯一地描述了裂纹尖端处的局部应力和位移，那么每周期的裂纹扩展增量 da/dN 也应与当前的K_I值相关。在一篇论文中，他们提出了 da/dN 应与K_{max}^4成正比的假设。这篇论文在被三家知名期刊拒绝后，最终发表在了华盛顿大学校友杂志《工程趋势》（*Trends Engineering*）上。然而，这个假设并不完全正确，但两年后，Paris 与 Erdogan 共同发表了如今被称为帕里斯疲劳裂纹扩展定律的内容[2]：

$$\frac{da}{dN} = C\Delta K^m \tag{7.1}$$

式中，da/dN 与应力强度范围 ΔK 成正比，即与给定周期内最大和最小应力强度之间的差值（$\Delta K = K_{max} - K_{min}$）成正比，而 C 和 m（对于大多数金属而言，其值为 2~4）是材料常数。

Johnson 和 Paris 在 1968 年意识到[3]，这种关系可以被推广用于其他形式的亚临界裂纹扩展。这里的亚临界裂纹扩展是指在应力强度（或等效的裂纹驱动力）小于直接导致失效所需的应力强度时发生的裂纹扩展，例如，在$K = K_c$之前。此类裂纹扩展关系可用于与时间相关的开裂（da/dt），如应力腐蚀或氢致开裂等环境致裂扩展，使用以下形式：

$$\frac{da}{dt} = C' K_I^{n'} \tag{7.2}$$

式中，C'和n'同样是缩放常数。这将在第 7.2 节中描述。

此外，在亚临界蠕变裂纹扩展方面也已进行了大量工作，使用了与蠕变变形相关的各种本构行为的表征参数，这些参数可以大致描述为 J 的速率依赖版本。这将在第 7.3 节中描述。

除了提供表征亚临界裂纹扩展行为的方法，断裂力学还提供了一种预测疲劳、环境致裂和蠕变失效的替代方法，即使用损伤容限（或缺陷容限）寿命预测策略。与传统基于应力（或应变）的总寿命方法不同，后者通过时间或加载周期的数量来估算在实验室（通常是光滑试样）中引发并传播裂纹以导致失效的寿命［一个很好的例子是使用 $S-N$（Wöhler）曲线进行疲劳分析］。损伤容限寿命预测策略认识到所有结构都是有缺陷的，并且裂纹可能在服役早期就开始萌生并以亚临界方式扩展。然后，根据最大未检测裂纹扩展到失效所需的时间或周期数来评估寿命，这可能由许用应变、极限载荷或 $K_I = K_C$ 准则定义（在第 7.5 节中描述）。此类分析的隐含前提是，亚临界裂纹扩展可以用描述裂纹尖端局部条件的表征参数来表征，然而，该参数也可以根据加载参数、裂纹尺寸和几何形状来确定，以得出如式（7.1）和（7.2）的裂纹扩展关系。通过假设结构中预先存在缺陷，即裂纹萌生寿命实际上为零，可以对此类关系进行积分，从某个初始裂纹尺寸到定义失效的最终裂纹尺寸，来预测裂纹扩展寿命，从而得出保守的安全寿命估计。

在本章中，我们将简要介绍断裂力学在时间相关裂纹扩展中的应用。但为了简洁起见，我们将本章的大部分内容用于讨论被广泛认为是最常见的服役断裂模式的疲劳。

7.2　环境致裂

有许多与时间相关的环境致裂过程，但最值得注意的是应力腐蚀开裂（stress corrosion cracking，SCC）和氢致开裂。SCC 是由应力和腐蚀性水环境[1]的共同作用引起的，而氢致开裂是由存在氢或产生氢的环境中的应力引起的。已经提出了无数种机制（如文献［4－5］）来解释这些过程的发生，但它们

[1]例如，窗玻璃在约为其韧性的三分之一的应力强度下会因 SCC 而产生亚临界裂纹。实际上，你可以在水下用剪刀切割玻璃——但请不要在家里尝试！

可以大致分为两类：阳极或活性路径腐蚀和氢脆机制（图 7.1）。在活性路径腐蚀机制中，裂纹尖端的主要环境贡献是阳极过程，例如，涉及金属氧化（$M \rightarrow M^+ + e$），而在氢脆机制中，裂纹尖端的主要环境影响是阴极，例如，还原反应释放氢气，然后氢气进入材料，通过界面脱粘影响位错运动，促进塑性失稳，或在某些材料中通过脆性氢化物形成有害影响。

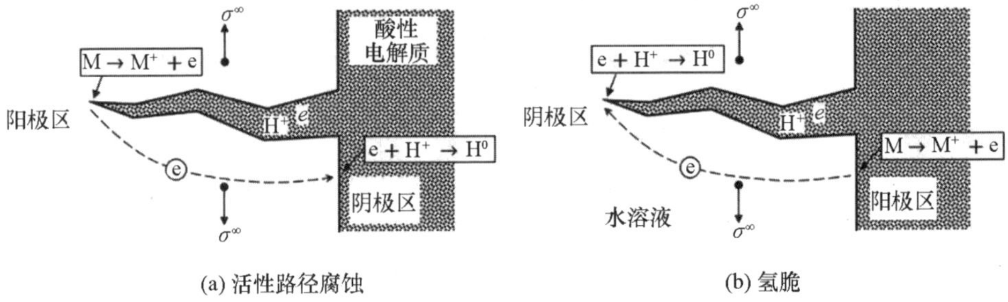

图 7.1　水溶液环境中应力腐蚀开裂的两大类机制

关于水致应力腐蚀，促成断裂过程的环境机制可以由裂纹尖端的阳极过程（活性路径腐蚀，此时金属被氧化）控制，也可以由裂纹尖端的阴极过程控制。在阴极过程中，裂纹尖端的还原反应会释放出氢，氢进入金属并造成有害影响（氢脆）。氢脆也可能发生在氢气（或产生氢的环境，如H_2S）中，在这种环境下，氢可以在扩散进入金属之前化学吸附在新鲜的（活性）裂纹表面上，在应力梯度的辅助下，聚集在诸如位错和界面等陷阱中。氢是间隙元素，它可以在金属中迅速扩散；由此产生的主要脆化形式是界面（如晶界）处的过早脱粘与位错的相互作用（这会影响其运动并诱发局部塑性失稳），或在某些材料（如 Ti 和 Zr）中形成脆性氢化物。

在应力作用下，这些机制会导致亚临界裂纹的产生，其中裂纹扩展速率 da/dt 是应力强度K_I的幂函数，如式（7.2）所示。然而，da/dt 与K_I关系的实际形式，在对数（或对数线性）图上表示，通常称为 $v-K$（速度 - 应力强度）曲线，其形状一般类似于 S 形曲线，可分为三个主要区域Ⅰ、Ⅱ和Ⅲ（图 7.2）。图 7.2 显示了裂纹扩展速率 da/dt 作为应力强度K_I的函数的变化。此类图通常在阈值应力强度（对于 SCC 为K_{Iscc}，对于其他形式的亚临界开裂为K_{TH}）和失稳状态（即在K_{Ic}或极限载荷处）之间呈 S 形。区域Ⅰ中，式（7.2）中的指数n'可能非常高，通常与新表面在裂纹尖端的产生有关，这可能导致裂纹的初始爆发。在区域Ⅱ中，通常$n' \rightarrow 0$ 为稳态开裂，其速率可能受到某些环境过程的限制，如裂纹尖端的化学吸附或晶格中的氢传输。区域Ⅲ主要由机械失效控制，例如$K_I \to K_{Ic}$。

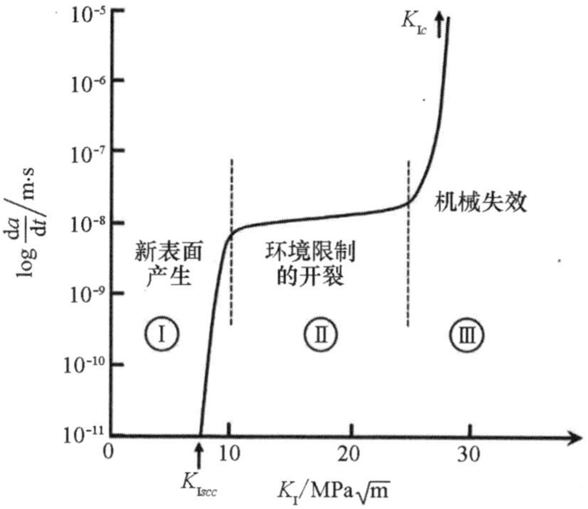

图 7.2　环境致裂的 $v-K$ 曲线示意

尽管不同的材料/环境组合可能表现出各种类型的行为，但 $v-K$ 曲线中的这三个区域通常具有相似的特定起源。在区域Ⅰ中，即略高于环境致裂扩展的应力强度阈值，称为K_{Iscc}或K_{TH}，裂纹尖端的开裂位移会产生新的表面，环境中的物质可以在此处吸附或引起腐蚀，从而导致裂纹迅速扩展。该区域的扩展速率是环境性质（以及温度 T 和压力 p）的函数，并且是K_I的极强函数。由于图中斜率，即式（7.2）中的指数n'可能变得非常高，因此通常最好用指数形式表示 da/dt 与K_I的关系，例如 $(da/dt)_I = f(K_I, T, p$，环境$) = C_1 \exp(n_1 K_I)$，其中C_1和n_1是材料常数。

在稳态区域Ⅱ中，指数n'可能接近零，即 da/dt 可能几乎与K_I无关，因为裂纹扩展过程受到非机械性的速率限制步骤的影响，如氢传输或活性物质在裂纹尖端的化学吸附；此处 $(da/dt)_{II} = f(T, p$，环境$)$。在区域Ⅲ中，当$K_I \to K_{Ic}$（或任何相关形式的不稳定性）时，开裂主要与机械失效有关。

图 7.3 显示了两种超高强度 NiCrMo 钢，即淬火和回火的 4340 钢和 Si 改性 4340 钢（300 – M）在 23℃蒸馏水中测试的实际 $v-K$ 数据[6]。这里有几个特别值得注意的点。首先，区域Ⅱ的扩展速率平台之间存在明显的差异，这与晶格中氢传输相关的速率限制步骤有关。如果我们比较这两种 300 – M 微观结构，它们的屈服强度均为 1500 MPa，其中一种标记为“870℃，油，iso

250℃”，是从870℃淬火并在250℃保持以产生10% ~12%奥氏体保留在其马氏体结构中，相比之下，“870℃，油”结构是直接在油中淬火以形成具有 < 2%奥氏体的马氏体。显然，具有较低平台的微观结构具有较大的保留奥氏体体积分数，该奥氏体围绕马氏体板条形成；由于奥氏体是面心立方结构，氢扩散速度比体心立方结构相对不紧密堆积的马氏体结构慢约两个数量级，这有助于减缓氢向裂纹尖端的传输，并降低稳态扩展速率。第二个值得注意的点是，尽管这些钢（在其各自的回火条件下）的断裂韧性K_{Ic}约为63 ~ 89 MPa $\sqrt{m}$，但它们在K_{Iscc}水平低四倍，即15 ~ 20 MPa $\sqrt{m}$时开始在水中亚临界开裂。实际上，这种超高强度钢在氢气和水溶液环境中特别容易发生氢致开裂。

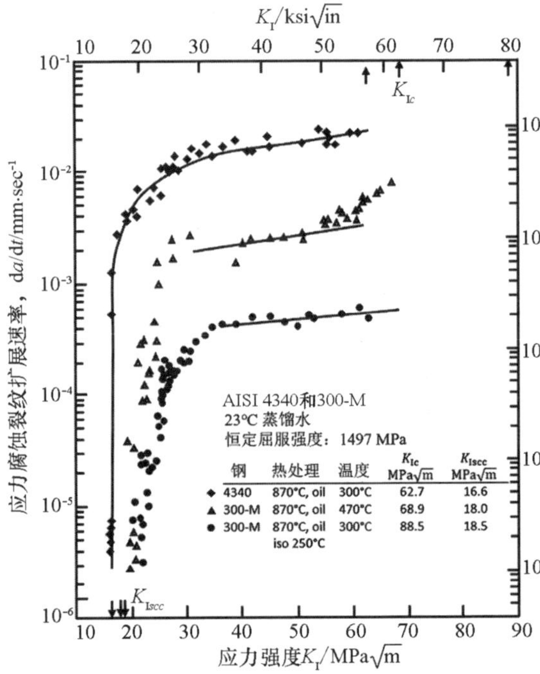

图7.3　在蒸馏水中测试的两种超高强度NiCrMo钢的应力腐蚀裂纹扩展速率da/dt作为应力强度K_I的函数的变化

表7.1简要列出了在不同环境中受到影响的各种金属合金，其中很明显，高强度微观结构往往最容易发生环境致裂，这由其相对于K_{Ic}较低的阈值K_{TH}定义，尽管某些材料由于其成分或特定的微观结构特征（如某些铝合金中晶界

处的无沉淀区）而高度敏感。

表 7.1　系列金属合金的环境促进开裂的典型 K_{TH} 或 K_{Iscc} 阈值，以及它们的屈服强度和 K_{Ic} 断裂韧性值

材料	环境	屈服强度 σ_y/MPa	断裂韧性 K_{Ic}/MPa $\sqrt{m}$	环境阈值 K_{Iscc} 或 K_{TH}/MPa $\sqrt{m}$
4340 钢（200℃回火）	盐水	1600	60	17
	H_2 气体			18
	H_2S 气体			16
（600℃回火）	盐水	1000	150	120
18Ni（180）马氏体时效钢	NaCl 溶液	1200	130	120
18Ni（250）马氏体时效钢		1700	89	14
2024 – T3 Al – Cu 合金	NaCl 溶液	370	35	11
7075 – T6 Al – Zn – Mg 合金	NaCl 溶液	505	28	20
Ti – 8Al – 1Mo – 1V 合金	水	855	100	29
	甲醇			15

7.3　蠕变裂纹扩展

7.3.1　C^* 积分

如上所述，已对应用断裂力学描述蠕变裂纹扩展进行了广泛研究，其形式为表征在各种蠕变变形模式下的参数。其中第一个参数是为二次（稳态）蠕变定义的，其本构关系可以用应力幂函数形式的应变率 $\dot{\varepsilon}_{ij}$ 表示，由 $\dot{\varepsilon}_{ij} = A\sigma_{ij}^{n_c}$ 给出，其中 n_c 为蠕变指数，A 为一个材料常数。这个参数被称为 C^*，被定义为路径无关的积分，形式如式（4.5）中的 J 定义，只是用应变率代替应变，用位移率代替位移，而应力保持不变[7-8]。因此，对于围绕裂纹尖端、连接裂纹下表面和上表面的任何逆时针路径Γ，C^*积分可以定义为：

$$C^* = \int_\Gamma \left(\dot{W}_{se} \mathrm{d}y - T_i \frac{\partial \dot{u}_i}{\partial x} \mathrm{d}s \right) \tag{7.3}$$

式中，T_i为由沿轮廓Γ外向法线n_j（$T_i = \sigma_{ij} n_j$）定义的牵引向量，$\dot{u}_i$为位移率向量，ds为长度增量，$\dot{W}_{se}$为由下式给出的应变能率密度：

$$\dot{W}_{se} = \int_0^{\dot{\varepsilon}_{ij}} \sigma_{ij} \mathrm{d}\, \dot{\varepsilon}_{ij} \tag{7.4}$$

进一步类比于$J = \frac{\eta}{Bb}\int_0^\Delta P\mathrm{d}\Delta$（其中$P\mathrm{d}\Delta$为试样吸收的能量，$Bb$为韧带面积，即试样厚度乘以未开裂韧带长度，$\eta$是一个几何因子，$C^*$也可以以能量（实际上是能量率）的形式来表示：

$$C^* = \frac{\eta}{Bb}\int_0^{\dot{j}} P\mathrm{d}\dot{\Delta} \tag{7.5}$$

式中，P为施加的载荷，$\dot{\Delta}$为载荷线位移率。

最后，类似于式（4.2），C^*可以被确定为HRR场的表征参数，但现在是基于稳态蠕变的本构关系$\dot{\varepsilon}_{ij} = A\,\sigma_{ij}^{n_c}$，其中作为从裂纹尖端开始的$r$的函数的裂纹尖端应力和应变率由下式给出：

$$\sigma_{ij} = \left[\frac{C^*}{I_N A r}\right]^{1/(n_c+1)} \tilde{\sigma}_{ij}(\theta, n_c) \tag{7.6}$$

$$\dot{\varepsilon}_{ij} = \left[\frac{C^*}{I_N A r}\right]^{n_c/(n_c+1)} \tilde{\varepsilon}_{ij}(\theta, n_c) \tag{7.7}$$

在这里，式（4.2）中的应变硬化率N被蠕变指数n_c替换，而I_N，$\tilde{\sigma}_{ij}$（θ，n_c）和$\tilde{\varepsilon}_{ij}$（θ，n_c）与式（4.2）中的值相同。因此，由于C^*可以被确定为在广泛稳态蠕变变形下支配唯一裂纹尖端应力和应变场的奇异参数，我们可以将蠕变裂纹扩展速率（da/dt）$_c$与C^*相关联，其关系形式为：

$$\left(\frac{\mathrm{d}a}{\mathrm{d}t}\right)_c = \chi_c (C^*)^{m_c} \tag{7.8}$$

式中，χ_c和m_c为材料度量常数，指数为$m_c = n_c/(\dot{n}_c + 1)$。这种幂关系已被发现能够很好地表示许多金属材料在广泛稳态蠕变条件下的蠕变裂纹扩展速率。如图7.4所示，在594℃下，304奥氏体不锈钢的C(T)和MC(T)试样的蠕变裂纹扩展速率被绘制为C^*[9]的函数。

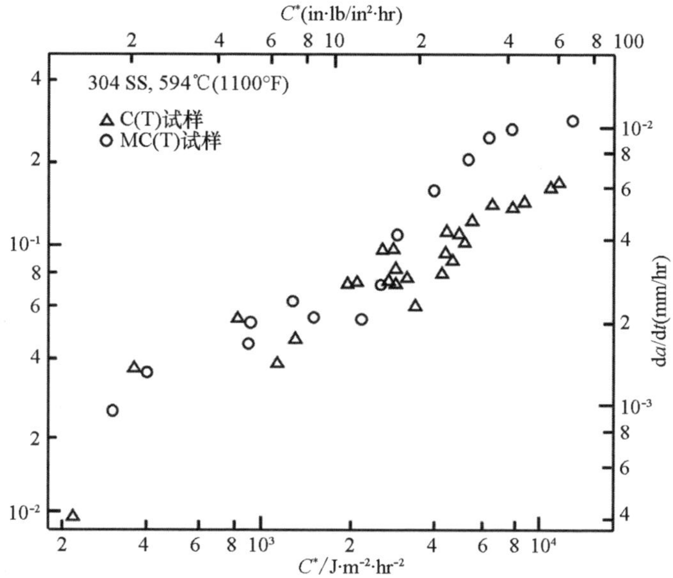

图 7.4　奥氏体 304 不锈钢蠕变裂纹扩展速率 da/dt 作为 C^* 积分的函数，针对 C(T) 和 MC(T) 试样[9] 在594℃下进行的测试

7.3.2　$C(t)$ 和 C_t 参数

然而，当蠕变场最初在小规模蠕变条件下形成时，蠕变区应力场由另一个表征参数 $C(t)$[10-11] 控制，该参数随时间变化，但在稳态蠕变的长期极限下等于 C^*。$C(t)$ 可以通过路径无关的积分来定义，与式（7.3）相同，只是对于非常接近裂纹尖端的轮廓，其中蠕变应变超过弹性应变。此外，它可以被解释为小规模蠕变应力和应变率场的 HRR 描述中的支配参数，例如：

$$\sigma_{ij} = \left[\frac{C(t)}{I_N A r}\right]^{1/(n_c+1)} \tilde{\sigma}_{ij}(\theta, n_c) \tag{7.9}$$

$C(t)$ 是一个有吸引力的表征参数，用于关联小规模蠕变条件下的蠕变裂纹扩展速率及其向广泛稳态蠕变的过渡，但在小规模蠕变和过渡蠕变条件下难以通过实验测量。因此，Saxena[12] 提出了一个类似的参数 C_t，它仍然可以用来定义这种广泛蠕变条件下的蠕变裂纹扩展，但更容易通过实验确定。C_t 被定义为与式（7.5）中的 C^* 相同，作为蠕变释放率的蠕变分量，但具有一个针对小规模蠕变的额外分量$(C_t)_{ssc}$，通过类比于K_I场进行建模，如下：

$$C_t = (C_t)_{ssc} + C^* \tag{7.10}$$

实际上，实验研究[13]表明，作为单一参数，C_t比K_I或C^*更能准确地关联从小规模蠕变到广泛稳态蠕变条件的蠕变裂纹扩展速率。

最后，值得注意的是，已经提出了其他表征参数来描述蠕变裂纹的其他各个阶段，特别是初级蠕变。有兴趣的读者可以阅读参考文献［14］以获取更多细节。

7.4 疲劳裂纹扩展

循环疲劳涉及材料在循环变化载荷下的微观结构损伤和破坏。然而，结构材料很少进行抗疲劳设计；金属合金通常进行强度设计，金属间化合物进行延展性设计，而陶瓷进行韧性设计。然而，在工程服役中，其结构完整性通常被其在循环载荷下的力学性能所限制。事实上，一般认为，工程服役中超过80%的失效都可以追溯到机械疲劳，无论是与循环塑性、滑动或物理接触（磨损、滚动、接触疲劳）、环境损伤（腐蚀疲劳）或高温（蠕变疲劳）相关；尽管如此，它仍然是从机理上被了解最少的断裂模式。

20世纪60年代初引入的Paris定律[2]激发了人们对疲劳裂纹扩展的兴趣。然而，与环境致裂类似，疲劳裂纹扩展速率与应力强度之间的完整关系呈S形。对于通过热处理改变强度水平的高强度300－M合金钢，典型的da/dN与ΔK数据的对数－对数图如图7.5所示[15]。图7.5中显示的抗拉强度已通过改变回火温度而变化。测试在较低的R比值（$R \approx 0.05$）下进行[15]。尽管ΔK是金属疲劳中的主要控制参数，但实际上，增长速率取决于其他几个因素，即$da/dN = f$［ΔK，K_{max}（或$R = K_{min}/K_{max}$）、频率、环境、波形等］。

从图7.5中的曲线可以看出，简单的Paris定律［式（7.1）］通常与中等增长速率范围内的数据拟合得很好。然而，已经提出了许多定律来解释当K_{max}接近断裂不稳定性时（例如，在K_c时），高增长速率下的增长速率加速，以及在低增长速率下当ΔK接近阈值应力强度ΔK_{TH}时的减速。为了解释高增长速率区间，Forman等人[16]提出了一个众所周知的关系：

$$\frac{da}{dN} = \frac{C_1 \Delta K^m}{(1-R)K_c - \Delta K} \tag{7.11}$$

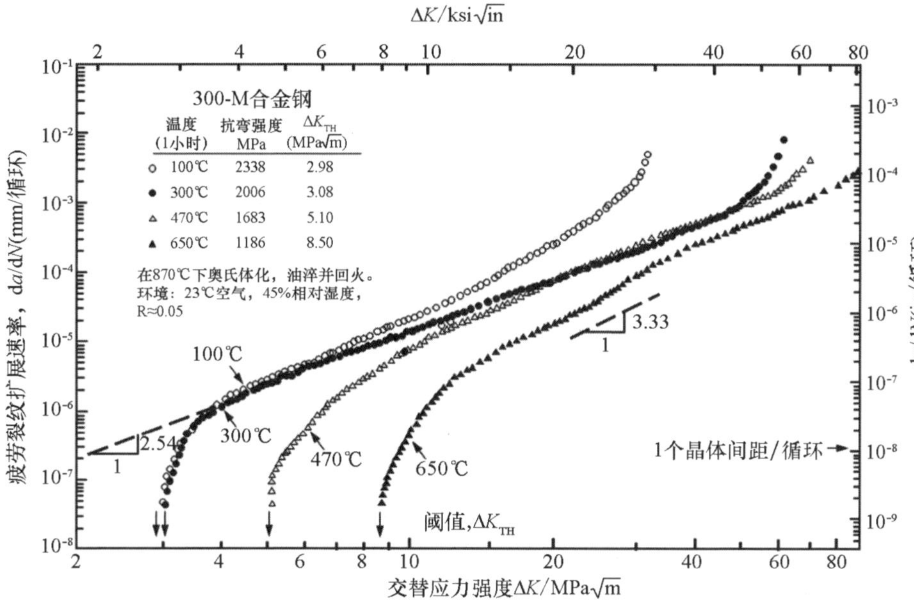

图 7.5　在相应环境温度下对于淬火和回火 300－M 合金钢疲劳裂纹扩展速率 da/dN 与应力强度范围 ΔK 之间函数的典型 S 形变化

而为了解释近阈值行为，Klesnil 和 Lukas[17]建议：

$$\frac{da}{dN}=C_2(\Delta K^m-\Delta K_{TH}^m) \tag{7.12}$$

式中，C_1，C_2和 m 为度量常数。当然，这些关系可以结合起来拟合整个曲线；实际上，所有这些裂纹扩展“定律”本质上是基于原始 Paris 幂关系对数据进行的经验曲线拟合。

除 $da/dN\propto\Delta K^m$方法外，还提出了其他断裂力学幂表达式来表征裂纹尖端张开位移范围（Δ CTOD）[18]下的疲劳裂纹扩展，或在大规模屈服下通过循环 J 积分（ΔJ）[19]来表征。但与 Paris 定律相比，这些方法很少使用。

7.4.1　循环塑性区

在讨论图 7.5 中显示的不同增长速率行为范围之前，需要简要描述裂纹尖端循环塑性区的性质[20]。如图 7.6 所示，在首次加载到最大应力强度K_{max}

时，会按照第 3.2 节中描述的常规方式形成一个最大塑性区：

$$r_{y,\max} \sim \frac{1}{2\pi}\left(\frac{K_{\max}}{\sigma_y}\right)^2 \tag{7.13}$$

式中，σ_y为屈服应力。然而，在卸载至$K_{\min}$时，需要在材料上叠加一个 $-2\sigma_y$ 的弹性卸载应力，因为裂纹尖端被施加 $+\sigma_y$ 至 $-\sigma_y$ 应力，而这会在裂纹尖端产生一个压缩区，称为循环塑性区：

$$r_{y,c} \sim \frac{1}{2\pi}\left(\frac{\Delta K}{2\sigma_y}\right)^2 \tag{7.14}$$

这是零张力（$R=0$）加载下[（式（7.14）中的σ_y严格来说是循环屈服应力］最大塑性区尺寸的一部分。

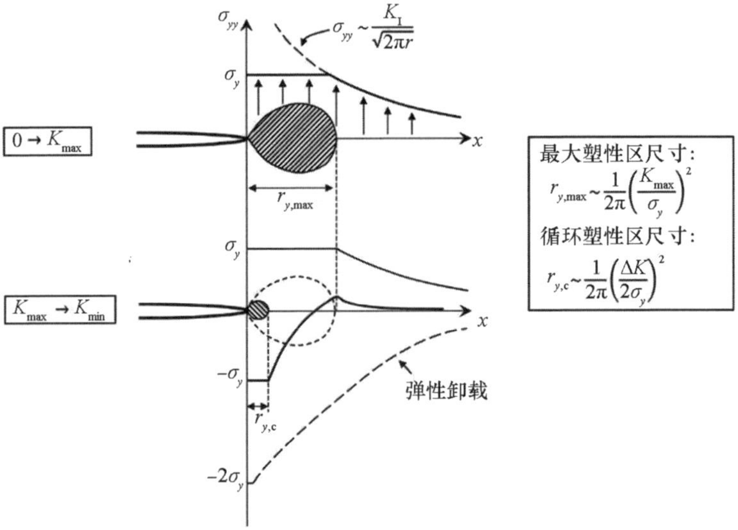

图 7.6　在加载至$K_{\max}$然后卸载至$K_{\min}$的过程中，疲劳裂纹尖端形成的最大和循环塑性区

与单向加载一样，只要这些塑性区嵌入在 K 场内，应力强度仍将唯一地定义裂纹尖端的应力和应变。

7.4.2　裂纹扩展区

回到图 7.5 中的 da/dN 与 ΔK 图，显然存在三种裂纹扩展行为范围，这些范围及其各自的行为特性在图 7.7 的示意图中进行了总结[15]，图 7.7 还显示了微观结构对超高强度钢近阈值疲劳裂纹扩展的影响。

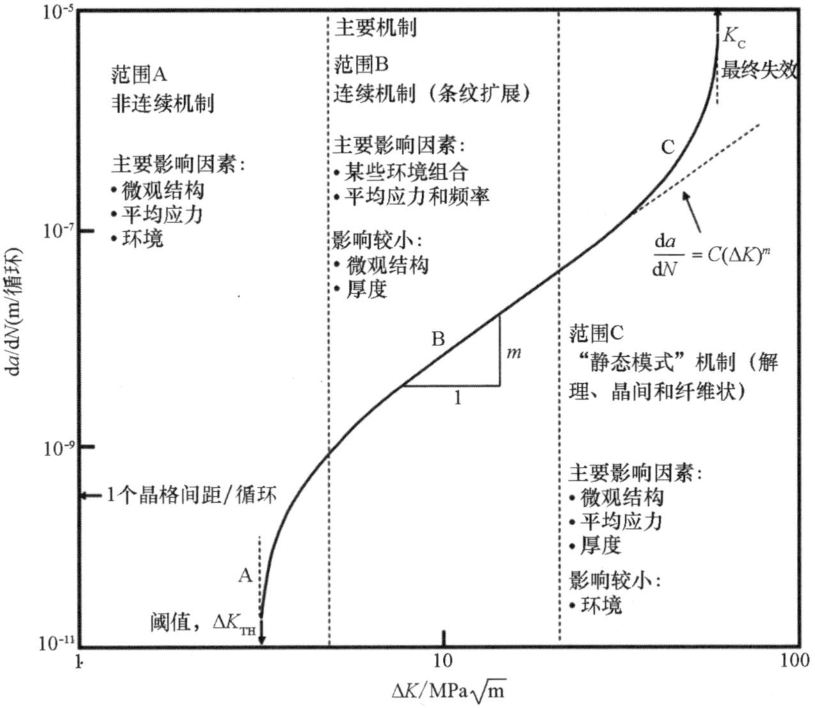

图 7.7　金属材料疲劳裂纹扩展速率 da/dN 与施加的应力强度范围 ΔK 之间典型关系的示意

具体来说，大多数韧性材料的疲劳裂纹扩展速率测试结果显示以下特征：

（1）低 ΔK 和 da/dN 值（小于10^{-9} m/循环）的近阈值区域 A，接近疲劳阈值 ΔK_{TH}，低于此阈值，疲劳裂纹似乎处于静止状态，或以极小的速率扩展。

（2）中间范围 B（10^{-9}～10^{-6} m/循环）的幂律行为，由 Paris 方程［式(7.1)］描述。

（3）裂纹加速扩展的高范围 C（超过10^{-6} m/循环），发生在当K_{max}接近K_C或试样发生宏观塑性变形时（如在极限载荷下）。

我们将简要按逆序描述每个范围的特征。

（1）高扩展速率范围。随着疲劳循环中的K_{max}值接近断裂不稳定性，例如，在K_C或极限载荷下，扩展速率可能超过基于中间扩展速率范围（范围 C）

中 Paris 定律外推的结果。这是由于出现了额外的单调断裂模式，称为“静态模式”[21]（图 7.8），主要是微孔聚结、解理和晶间裂纹，它们加速了循环裂纹扩展机制[22]（条纹扩展），直到发生过载断裂。因为这些单调断裂模式受 K_{max} 控制，所以在较高的 R 比值下裂纹扩展会增加。但由于此范围内的扩展速率通常太快，因此环境对这些裂纹扩展的影响相对较小。

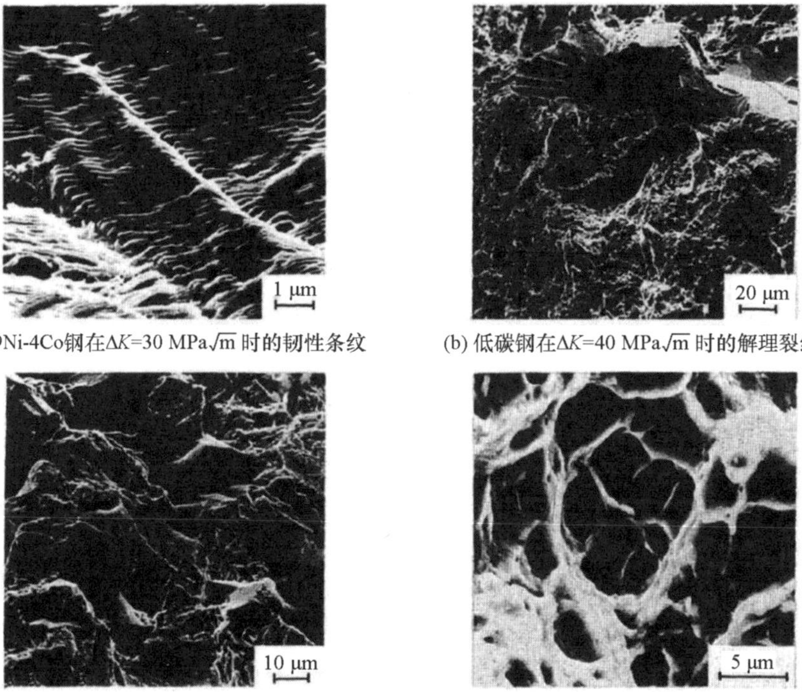

(a) 9Ni-4Co钢在 ΔK=30 MPa$\sqrt{m}$ 时的韧性条纹

(b) 低碳钢在 ΔK=40 MPa$\sqrt{m}$ 时的解理裂纹

(c) 4Ni-1/2Cr钢在 ΔK=40 MPa$\sqrt{m}$ 时的晶间裂纹

(d) 9Ni-4Co钢在 ΔK=70 MPa$\sqrt{m}$ 时的微孔聚结

图 7.8　扫描电子显微镜图像显示了在室温环境中，钢在中间（范围 B）和高（范围 C）扩展速率下的疲劳裂纹扩展情况

（2）中间扩展速率范围。在范围 B 内（一般在 $10^{-9} \sim 10^{-6}$ m/循环），Paris 定律通常适用，而裂纹扩展通常通过典型的（固有）韧性条纹疲劳机制[22]［图 7.8（a）］发生。这些条纹代表每个循环的局部循环裂纹扩展增量，并在循环塑性区内由加载循环时的裂纹尖端钝化和卸载时的裂纹尖端锐化形成（图 7.9）。图 7.9 中 U 为每个循环中垂直于裂纹的施加位移。

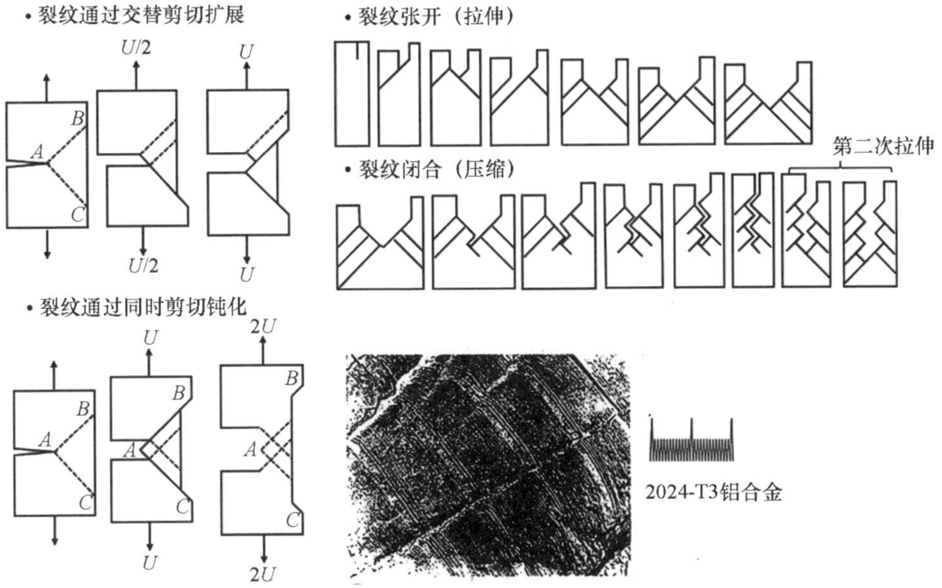

图 7.9　裂纹尖端交替或同时剪切（即位错发射和部分逆转）过程中的交替裂纹尖端钝化以及再锐化相关的条纹形成机制

对条纹裂纹扩展过程的一种解释是交替剪切或同时剪切[23-24]导致的裂纹钝化（即从裂纹尖端发射位错），而如果一个剪切带上的应变硬化促进了另一个剪切带上的剪切，则会发生后一过程（图 7.9）。在此过程中会创建新表面，其大小与△CTOD 相当；在卸载时，会发生反向位错运动，但滑移可逆性并非 100%，因此部分新表面会转化为裂纹扩展。

因此，从机理上讲，每个循环的裂纹扩展应与△CTOD 成正比，即

$$\frac{\mathrm{d}a}{\mathrm{d}N} = \beta \Delta \mathrm{CTOD} \propto \beta \frac{\Delta K^2}{\sigma_y E} \tag{7.15}$$

式中，β 为一个相当不明确的因子，与钝化和滑移可逆性的效率有关。纯循环塑性驱动的疲劳裂纹扩展的数值研究表明，β 为 0.3 ~ 0.4[26]，这意味着裂纹钝化产生的新表面的 30% ~ 40% 可以转化为裂纹扩展。式（7.15）中的 Paris 斜率 $m = 2$ 是合理的——大多数韧性金属在中间扩展速率范围（m）内显示的指数在 2 和 4 之间（如果测量的条纹间距可以被用来代表 $\mathrm{d}a/\mathrm{d}N$，则 m 始终等于 2）——并且扩展速率与弹性模量 E 的倒数之间的关系是众所周知的。然而，很少看到与屈服强度的倒数依赖性；有人认为屈服强度也对 β 有抵消

作用。实际上，除模量的作用，强度水平和微观结构对中间扩展速率范围内条纹疲劳裂纹扩展的影响非常小。同样，与范围 A 和 C 相比，平均应力或 R 比值对扩展速率的影响相对较小。

（3）近阈值范围。在近阈值区域 A（扩展速率通常小于10^{-9} m/循环），裂纹前沿的扩展往往高度不均匀。大多数金属材料的阈值 ΔK_{TH}值通常在 2 ~ 10MPa $\sqrt{m}$范围内，但与近阈值扩展速率一起，它们显著依赖于 R 比值；它们也往往依赖于材料性能，如强度和晶粒大小等微观结构特征。与中间扩展速率范围内的行为相比，这主要是由于裂纹尖端屏蔽形式的影响，该屏蔽基于裂纹面之间的裂纹楔入——裂纹闭合——由于裂纹表面的氧化和更一般的裂纹表面粗糙度。这些现象在近阈值水平下往往更加明显，因为低 ΔK 水平下的裂纹张开位移更小。这将在下一节中更详细地描述。

7.4.3 裂纹闭合

裂纹闭合现象是由 Elber[27] 首次描述的，它涉及裂纹表面在卸载循环期间、在达到最小载荷之前接触。Elber 的初步实验是对含有疲劳裂纹的试样进行弹性加载，他注意到在载荷超过某个值P_{cl}时，顺应性发生了变化；在P_{cl}以上，顺应性正确地指示了裂纹长度，但随着裂纹表面相互接触（图 7.10），裂纹在P_{cl}以下出现闭合。他认为，虽然全局驱动力是 $\Delta K = K_{max} - K_{min}$，但当对应于$P_{cl}$的闭合应力强度$K_{cl}$超过$K_{min}$时，裂纹尖端承受的有效应力强度范围降低到 $\Delta K_{eff} = K_{max} - K_{cl}$。然而，当$K_{cl} < K_{min}$，$\Delta K_{eff} = \Delta K$ 时，裂纹闭合在影响裂纹尖端 ΔK 有效值方面的作用最小。

Elber 首先确定裂纹闭合的原因是循环塑性在裂纹尖端产生的残余应力，导致裂纹面过早接触[27]；这被称为塑性诱导裂纹闭合。然而，接下来的研究还发现，闭合可能由裂纹内的其他几种楔入机制引起，这些机制在近阈值水平时尤其重要[28-29]。这些机制以及影响不同类别材料（包括金属、陶瓷和复合材料）疲劳裂纹扩展的其他裂纹尖端屏蔽机制在图 7.11 中示意性地进行了说明。注意，这些机制都是外在的（另见第 6.4 节），因为它们在裂纹尖端或裂纹尖端后方产生作用，以屏蔽裂纹免受远场应力的影响［图 6.6（a）］。

对于金属疲劳，最重要的屏蔽过程是裂纹闭合，特别是塑性诱导闭合、氧化物诱导闭合和由粗糙断裂表面诱导的闭合。塑性诱导闭合在塑性程度更

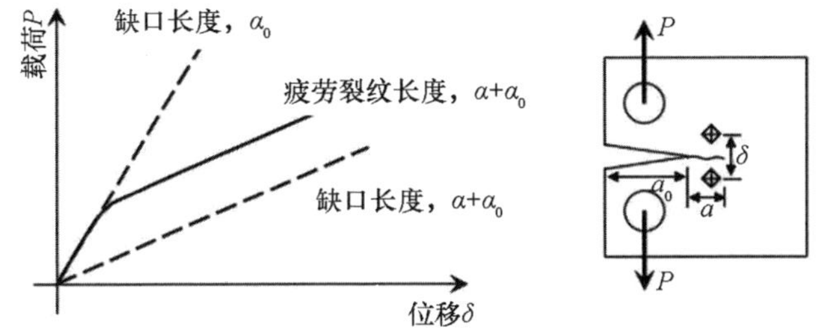

(a) 通过检测卸载过程中裂纹表面接触时的闭合载荷P_{cl}来测量裂纹闭合

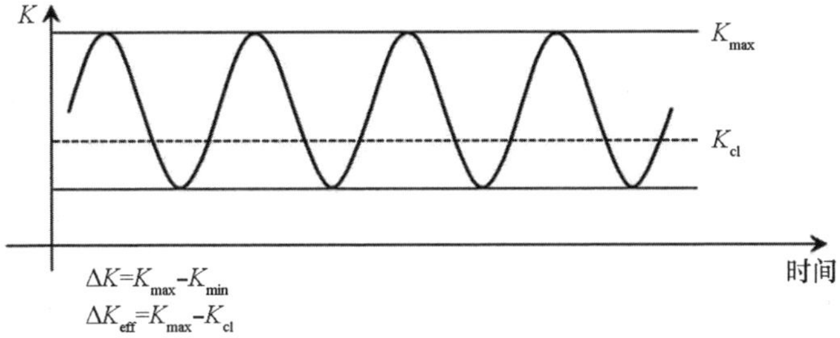

(b) 实际裂纹尖端经历的有效应力强度范围ΔK_{eff}的定义：当$K_{cl}>K_{min}$时，$\Delta K_{eff}=K_{max}-K_{cl}$，其中$K_{cl}$是对应于$P_{cl}$的闭合应力强度；当$K_{cl}<K_{min}$时，$\Delta K_{eff}=\Delta K=K_{max}-K_{min}$

图 7.10　裂纹表面相互接触时，裂纹在 P_{cl} 以下出现闭合

大的中间范围的扩展速率下有效，但更重要的是在近阈值水平下有效；由氧化物诱导的闭合，可在裂纹内部新暴露的裂纹表面上形成腐蚀产物；由粗糙断裂表面诱导的闭合，是与粗糙断裂表面凸起的楔入有关疲劳中最普遍的屏蔽模式。注意，后一种由粗糙断裂表面诱导的闭合机制促进了裂纹偏转，这也是其自身的一种屏蔽机制。

图 7.11 还表明了这些屏蔽机制的存在如何影响 $v-K$（$\mathrm{d}a/\mathrm{d}N-\Delta K$）曲线。裂纹偏转导致$K_{max}$和$K_{min}$都成倍降低，并且对于所有扩展速率都是有效的。而塑性诱导闭合在中间到较高的扩展速率下最为普遍，此时循环塑性更多；相应地，氧化物和粗糙度诱导闭合在近阈值水平时最有效，此时裂纹开启位移较小，与氧化物膜厚度和/或断裂表面粗糙度相当。

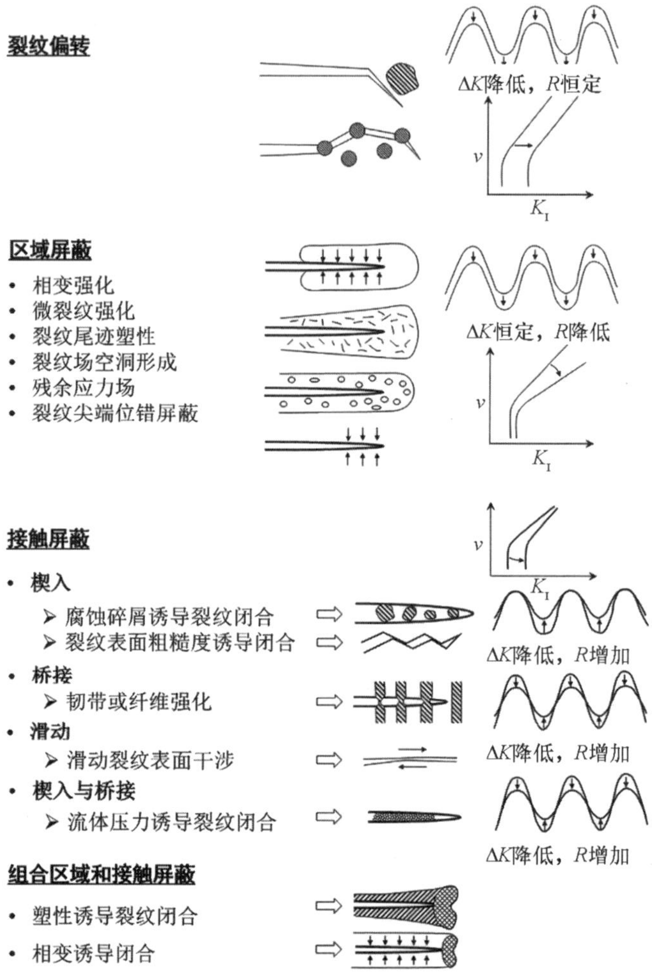

图 7.11　可以增强抗疲劳裂纹扩展的裂纹尖端外在机制

尽管由于K_{cl}的值以及关联的精确 ΔK_{eff}值在裂纹闭合存在时不容易测量，故而不作为设计参数，但裂纹闭合和与疲劳相关的其他形式的裂纹尖端屏蔽（图 7.11）为我们提供了许多在不同区内的疲劳裂纹行为特征的可靠解释。

一是 R 比值（或K_{max}）的影响。裂纹闭合提供了一个现成的解释，即为什么提高平均应力或 R 比值可以在给定 ΔK 下增加 da/dN。这是因为较高的 R 比值将同时提高K_{min}和K_{max}，这意味着裂纹将在循环的更多时间内保持开启；

一旦K_{min}超过K_{cl}，闭合效应就会消失，而裂纹将经历 $\Delta K_{eff} \to \Delta K$ 全部的驱动力。这种 R 比值效应在近阈值水平时特别显著（图 7.12），因为如上所述，这是氧化物和粗糙度诱导机制最有效的地方。图 7－12 中（a）表示室温空气中的贝氏体 $2^{1/4}$Cr－1Mo 压力容器钢 SA542－3，图中显示了与在中速扩展范围内的最小影响相比[30]，R 比值（从 0.05 到 0.75 之间变化）对近阈值行为的显著影响；（b）表示双相铁素体－马氏体（$\alpha-\alpha'$）AISI 1008 钢，在 $R=0.05$ 下测试，显示了与全局施加的 ΔK 相比，以 $\Delta K_{eff}=K_{max}-K_{cl}$为函数绘制的扩展速率数据形式表示的三种微观结构裂纹闭合的显著影响[31]。（b）中的水平箭头表示与 ΔK 相比，ΔK_{eff}的差值；因此，它们表示裂纹闭合的屏蔽效应的大小。图 7－13 中表示在这两种材料中，粗糙、偏转的裂纹路径促进了裂纹面之间的接触和楔入，从而诱导显著的裂纹闭合。图 7－13（b）中的箭头指示了裂纹扩展的总体方向。

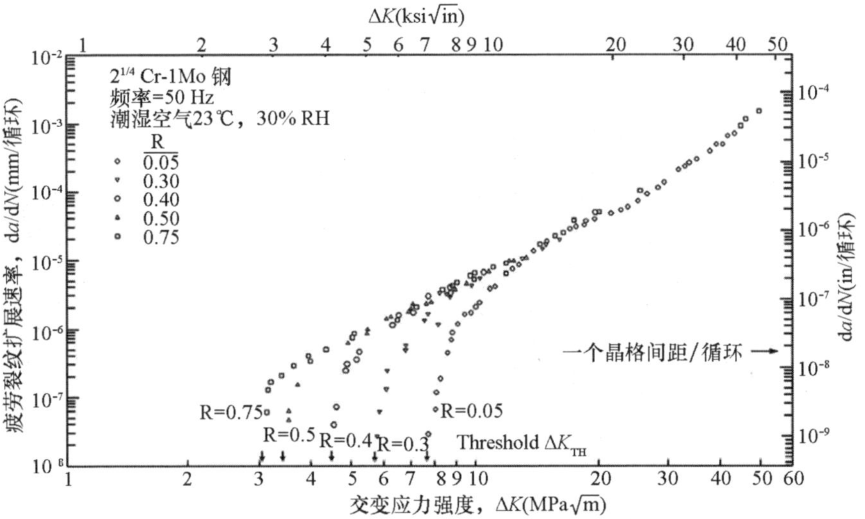

(a) 室温空气中的贝氏体$2^{1/4}$Cr-1Mo压力容器钢SA542-3

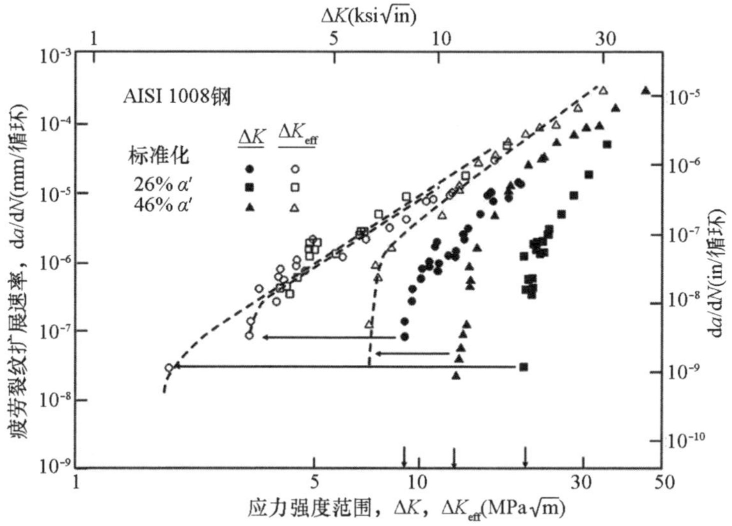

(b) 双相铁素体-马氏体(α-α')AISI 1008钢

图 7.12 疲劳裂纹扩展速率 da/dN 作为应力强度范围 ΔK 的函数的变化

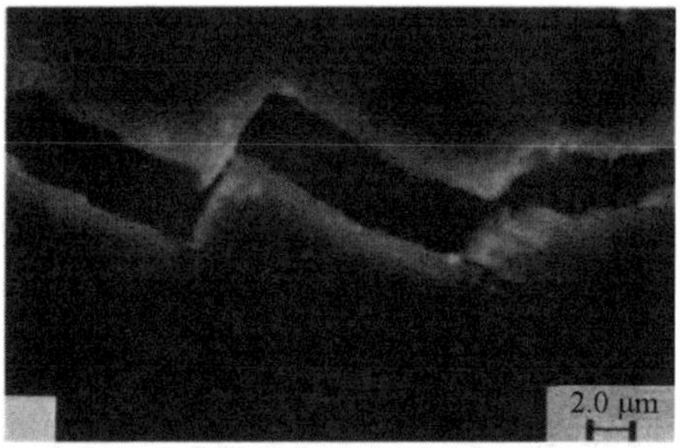

(a) 在R=0.1下，平面滑移Al-Li合金2090-T8[29]

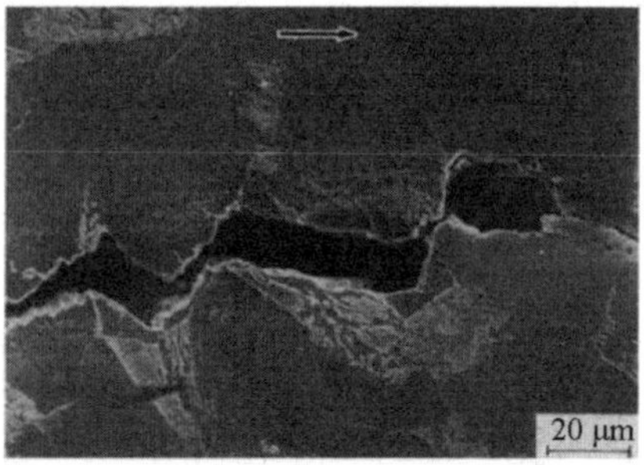

(b) 具有粗大双相结构的AISI 1008双相钢[31]的疲劳裂纹扩展过程中的裂纹路径形态的扫描电子显微镜照片

图 7.13 粗糙、偏转的裂纹路径促进了裂纹面之间的接触和楔入，从而诱导显著的裂纹闭合

二是晶粒尺寸的微观结构效应：在中速生长速率范围内，裂纹扩展的机制是通过条带（第 7.4.2 节），对微观结构效应相对不敏感，如图 7.5 中钢的数据所示。但像 R 比值效应一样，这在近阈值范围内肯定不是这样，在这个范围内，生长速率可以受到氧化物和尤其是粗糙度诱导裂纹闭合的显著影响。粗晶结构通常显示较低的近阈值生长速率和较高的 ΔK_{TH} 阈值。为什么？因为较粗的结构倾向于促进裂纹偏转，而更曲折的裂纹路径会产生更粗糙的断裂表面，从而增强闭合。这在平面滑移材料（如 Al－Li 合金）中尤其如此，其中裂纹路径可以是晶体学和面状的，以及在双相微观结构（如双相钢）[31]中，其中硬相可以作用以使裂纹路径偏转。事实上，图 7.13 中特定合金微观结构的裂纹尖端屏蔽特别有效，实际裂纹尖端经历的应力强度 ΔK_{eff} 比全局施加的 ΔK 小两倍或更多。然而，这些微观结构对 ΔK_{TH} 和近阈值生长速率的影响在高 R 比时显著减弱；裂纹偏转的屏蔽作用仍然存在，但在较高的 K_{max} 值下，较大的裂纹开启位移会损害任何裂纹表面接触。

三是变幅加载下的阻滞。经受单个拉伸过载循环（其中过载 ΔK_{OL} 通常至少是基线 ΔK 的两倍）的疲劳裂纹扩展将在高 ΔK_{OL} 的作用下立即经历扩展速率的增加，但这之后将是一段阻滞期，有时甚至是停滞，因为裂纹扩展到过载塑性区（图 7.14）。回想一下，卸载会在裂纹尖端留下一个压缩区；这里的过载循环区自然会比基线区更大，并将在裂纹传播通过它时导致阻滞。从机理上讲，裂纹尾迹中的压缩残余应力和由此产生的塑性诱导裂纹闭合[32－33]，以及在某些材料中的裂纹偏转，是过载区内扩展速率暂时降低的主要屏蔽机制。

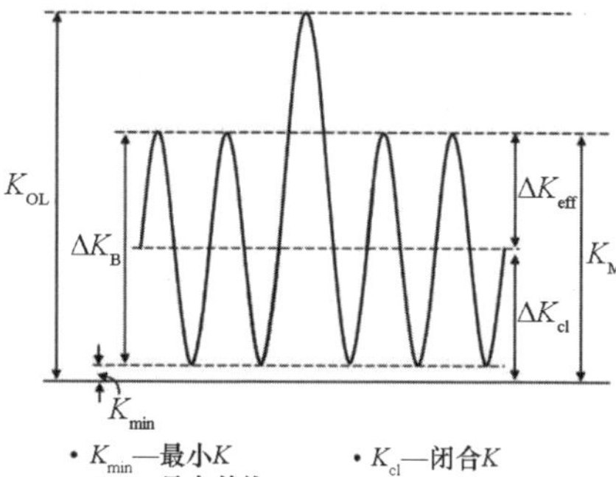

(a) 参数定义

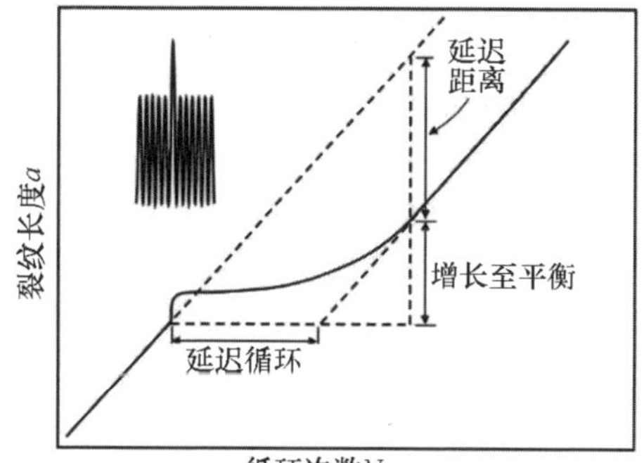

(b) 在恒定基线K条件下，单个拉伸过载裂纹长度a与循环次数N的示意

图 7.14 以“延迟循环”和“延迟距离”定义的后续迟滞期

四是小裂纹。通常小于 1 mm 的小裂纹的增长速率往往超过同等应力强度因子（ΔK）水平下的大裂纹；此外，小裂纹可以在低于常规长裂纹测得的疲劳阈值（ΔK_{TH}）的应力强度因子（ΔK）水平下扩展[28]。这在 Ti－6Al－4V

合金的应力强度因子（da/dN）与循环次数（ΔK）图中清晰可见［图 7.15（a）］，图中比较了自然产生和由外来物损伤（FOD）诱导的尺寸为 5～1000 μm 的小裂纹的增长速率，以及与在 R 值为 0.1，0.8 和 0.95 时测得的大裂纹（>5 mm）数据。注意在图 7.14（a）中，k_t 是损伤部位（例如 FOD 压痕）的有效应力集中系数，小裂纹在此处萌生。

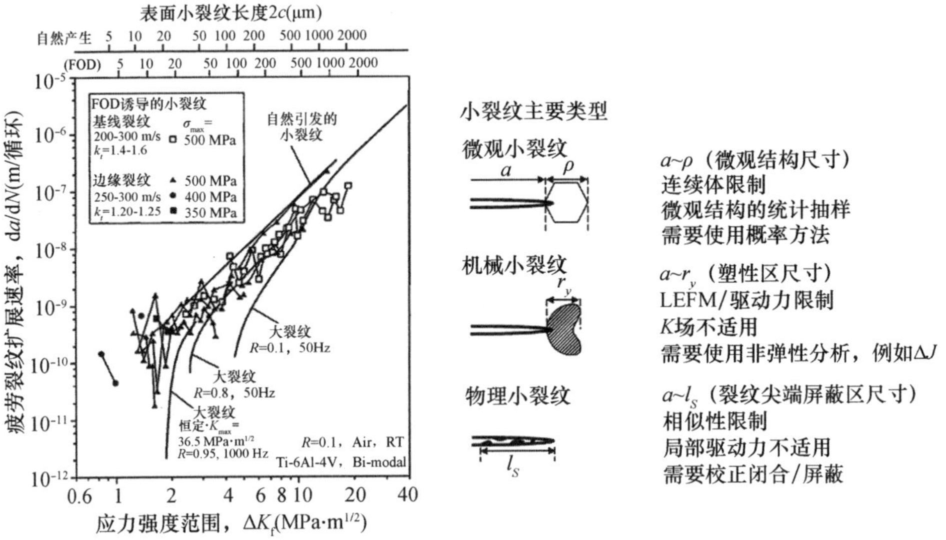

(a) ΔK值低于大裂纹疲劳阈值时的小裂纹扩展

(b) 三种主要类型小裂纹的示意图和特征

图 7.15 小裂纹扩展

那么小裂纹究竟是什么？为什么它们有不同的行为呢？图 7.15（b）示意性地展示了小裂纹的主要类型及其一些特征。微观小裂纹的尺寸与微观结构尺度（如晶粒尺寸）相当。由于这个尺寸低于均匀连续体，因此实际上并不适用于断裂力学表征（如使用 K 等），需要采用统计或概率方法。机械小裂纹与塑性区尺寸相当。这是线弹性断裂力学的限制，即裂纹尖端应力和应变的 K 场表征无效，为此需要考虑非线弹性方法。一种可能性是使用 ΔJ，尽管在裂纹连续受到卸载的情况下使用该参数存在不确定性，但在测量大尺度屈服条件下的小裂纹数据时仍取得了一些成功[19]。物理小裂纹的尺寸与裂纹尖端屏蔽区在裂纹尾迹中的稳态长度相当。简而言之，在相同的全局应力强度因子 ΔK 水平下，物理小疲劳裂纹在其尾迹中不能产生那么多的裂纹闭合（因为其尾迹有限）。这是小裂纹效应的最常见原因。尽管K_{cl}测量很困难，特别是对于小裂纹，但在使用 ΔK_{eff} 归一化小裂纹和长裂纹的 da/dN 数据方面已取得了一些成功。

7.4.4 疲劳裂纹扩展速率的测量

ASTM 标准 E647[36] 为测量疲劳裂纹扩展速率提供了指导，使用的几何形状与平面应变 K_{Ic} 标准（第 3.3 节）相似，即紧凑拉伸和中间裂纹拉伸样品，只是没有严格的有效性标准。然而，疲劳试验需要在名义上保持弹性，以便用 K 表征扩展速率，因此剩余未开裂尺寸 b 应满足以下要求：

$$b \geqslant \frac{4}{\pi}\left(\frac{K_{max}}{\sigma_y}\right)^2 \tag{7.16}$$

式中，σ_y 为屈服应力。然而，对于高应变硬化材料，σ_y 可以用流动应力 $\sigma_0 = \frac{1}{2}(\sigma_y + \sigma_{UTS})$ 替换。对厚度没有尺寸要求。

当然，需要在整个试验过程中持续监测裂纹长度。这可以通过使用背面应变或开口位移计的弹性卸载柔度测量法，或使用涉及使恒定电流通过样品并测量缺口处电位变化的电势技术[2] 来完成。

疲劳裂纹扩展试验通常在恒定的 R 比值下进行力加载，条件为增加的 ΔK（通常是恒定载荷试验）或降低的 ΔK（涉及程序化载荷卸载）。恒定载荷试验对于测量中间到高的扩展速率是完全可行的，但几乎不可能通过这种方式确定疲劳阈值。因此，为了测量接近阈值的扩展速率和 ΔK_{TH} 值，可使用程序化载荷卸载来缓慢减小 ΔK 水平，直到扩展速率小于 $10^{-11} \sim 10^{-10}$ m/循环（这定义了 ΔK_{TH}）。由于先前的（较高）K 水平会有更大的循环塑性区，为了避免过快减小载荷而导致过早停滞，ASTM 规定了特定的归一化 K 梯度 $\frac{1}{K}\left(\frac{dK}{da}\right)$，用于降低 K。该相对应力梯度必须超过 $-0.08\ \text{mm}^{-1}$。

在非常高的 R 比值（高于 0.9）下，可以通过在恒定 K_{max}/增加 K_{min} 条件下［图 7.15（a）中的 $R = 0.95$ 数据就是这样收集的］降载来测量阈值。虽然测得的接近阈值的扩展速率是在变化的 R 条件下，但这是定义高于 $R \sim 0.9$ 的

[2] 使用直流或交流电流的电势方法[37] 是一种特别有效的技术，但在低 R 比值测试中可能会遭受裂纹处的电短路，因此谨慎的做法是用周期性的光学测量裂纹尺寸来检查该方法（任何裂纹监测方法都是如此）；这也可以确定是否发生了裂纹隧穿。

ΔK_{TH}阈值的最佳方法。

为了确定扩展速率，需要在特定点找到 $a-N$ 曲线的梯度。ASTM 标准建议了两种数值方法来完成这项工作，涉及简单地在两个连续点之间找到斜率，或使用增量步长（重叠）多项式方法。后一种方法中，需要对八个点进行二次拟合，然后微分以确定中间两个点的 da/dN，向前移动两个点并重复该过程。标准中给出了完整的细节。

7.4.5 脆性材料的疲劳裂纹扩展

到目前为止，我们一直在讨论诸如金属结构等韧性材料的疲劳。脆性材料（如陶瓷）也会疲劳吗？这个问题的简短答案是脆性材料对疲劳的敏感性远低于韧性材料。典型的脆性材料，如钻石、硅[3] 和钠钙玻璃，在几乎没有先前的循环损伤迹象的情况下就会断裂。然而，通过外在机制增韧的脆性材料可能会变得对疲劳敏感，因为疲劳会在循环载荷下降低这种增韧作用[39]。

图7.16（a）比较了金属（高强度钢、铝合金和钛合金）与金属间化合物（α_2-Ti_3Al，$\gamma-TiAl$，$MoSi_2$）以及陶瓷（Al_2O_3，Mg－PSZ，热解碳）的疲劳裂纹扩展行为。图7.16（a）从右到左，材料的韧性降低，脆性增加，疲劳阈值减小，裂纹扩展速率（ΔK）与应力强度范围（ΔK）曲线（即 Paris 指数）的斜率增加；对于金属，通常在中等扩展速率范围内为2～4；对于金属间化合物为20～40；对于陶瓷则为50或更高。如此高的指数对由这些材料制成的结构部件的寿命预测具有广泛影响，因为高 m 值可能使预测的安全寿命对应力和缺陷尺寸过于敏感，如第7.5节所述。

为什么会有这样的差异呢？在脆性材料中，很明显除了极少数例外，疲劳载荷下的裂纹扩展机制与非循环过载断裂的机制相同。不同之处在于，循环载荷可以诱导裂纹尖端增韧机制的逐渐退化，即局部提升裂纹尖端的驱动力。例如，Al_2O_3和Si_3N_4陶瓷可以通过晶粒间桥接（第6.4.2节）显著增韧，但疲劳过程中裂纹的反复张开和闭合可能导致晶粒界面磨损，从而逐渐减弱桥接效应[40]；在纤维增韧陶瓷中也可以看到类似现象，如碳化硅复合材料，

[3]块状硅不会疲劳，但在微机电系统器件中使用的微米级硅，其无处不在的SiO_2氧化膜是结构的重要部分。由于SiO_2在潮湿空气中容易发生应力腐蚀开裂，在非常高的循环条件下，疲劳失效可能在应力约为硅单调断裂强度一半的情况下发生[38]。

用 SiC 纤维增强，目前正在取代某些气体涡轮发动机中的金属部件。如图 7. 16（b）所示，循环载荷下裂纹尖端屏蔽的外在机制的这种抑制是脆性材料对循环疲劳失效敏感性的主要原因。相比之下，金属中疲劳裂纹的扩展主要涉及裂纹尖端前方的内在损伤过程，即涉及裂纹尖端钝化和锐化的条纹裂纹扩展（第 7. 4. 2 节），这是一种与单调载荷下断裂明显不同的机制。屏蔽机制，主要以裂纹闭合的形式，可以在裂纹尾部起作用，并随着K_{max}的增加而受限。图 7. 16 显示了扩展速率对 ΔK 和 K_{max}的相对依赖性。

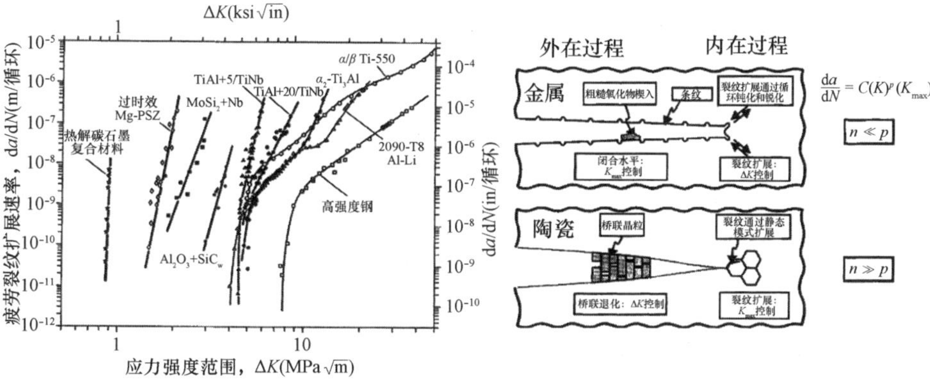

(a) 金属、金属间化合物和陶瓷的裂纹扩展速度da/dN变化与ΔK之间的函数关系

(b) 韧性（金属）和脆性（陶瓷）中疲劳裂纹扩展的内在和外在机制

图 7. 16　韧性和脆性固体中的疲劳裂纹扩展

韧性和脆性材料中疲劳过程的这种区别对裂纹扩展定律的形式有影响。如前所述，就简单的 Paris 定律而言，$da/dN = C\Delta K^m$。对于金属，指数 m 为 2～4，而对于陶瓷则远高于此，我们可以通过将式（7. 1）重写为K_{max}和 ΔK 的形式来解释这一点[39]：

$$\frac{da}{dN} = C''\Delta K^p K_{max}^n \tag{7.17}$$

其中，对于式（7. 1）中的度量常数而言，$n + p = m$ 而$C'' = C(1 - R)^n$。此表达式中的主要项与裂纹扩展机制有关。

由于金属和陶瓷中裂纹扩展和裂纹尖端屏蔽的物理机制截然不同，因此对交变载荷和平均载荷，特别是 ΔK 和K_{max}的依赖性也截然不同。显然，在金属中，ΔK 的主要依赖性是由循环塑性引起的内在裂纹扩展机制的结果；较小的K_{max}依赖性主要源于其对裂纹张开位移的影响，进而控制由于裂纹闭合在尾部产生的裂纹楔入程度。因此，对于韧性金属，在式（7.17）中 $p \gg n$。一个例子是镍基超合金，其中$\frac{da}{dN} \propto \Delta K^3 K_{max}^{0.4}$。

相反，在陶瓷中，扩展速率主要是K_{max}的函数，因为裂纹扩展机制与静态载荷下的机制相同；此处较弱的 ΔK 依赖性源于尾部屏蔽的循环诱导降解。因此，对于陶瓷，$p \ll n$。一个例子是，对于单片氮化硅，$\frac{da}{dN} \propto \Delta K^{1.3} K_{max}^{29}$。

在金属间化合物中，疲劳性能介于这两个极端之间，尽管这些材料的范围从韧性［如α_2-Ti_3Al $(p>n)$］到明显的脆性［如$MoSi_2$，$(p<n)$］；但总的来说，对于金属间化合物，n 更可能与 p 相当。一个例子是，对于 Nb 线增强的$MoSi_2$，$\frac{da}{dN} \propto \Delta K^8 K_{max}^{13}$。

因此，尽管过去几十年在使用外在增韧机制显著提高陶瓷和金属间化合物的断裂韧性方面取得了很大进展，但不幸的是，这种诱导的明显韧性确实使这些材料易于疲劳。

7.4.6 腐蚀疲劳裂纹扩展

最恶性的亚临界裂纹形式之一是腐蚀疲劳裂纹扩展，这与环境致裂开裂和疲劳裂纹扩展的共同作用有关。腐蚀疲劳的许多机制，无论是涉及水腐蚀、氢致开裂，还是更高温度下的氧化和/或硫化，都太多而无法在此描述[5,41]，但从断裂力学的角度来看，它们通常可以考虑为主要是循环依赖的机械疲劳过程与时间依赖的环境过程的协同或叠加效应。在此背景下，McEvily 和 Wei[41]将这些过程分类为（循环依赖的）真腐蚀疲劳、（时间依赖的）应力腐蚀疲劳，以及（循环和时间依赖的）腐蚀疲劳（图 7.17）。

真腐蚀疲劳［图 7.17（a）］本质上是环境因素导致的机械疲劳过程的一种与循环相关的加速现象，其原因包括以下现象：裂缝的张开和闭合所产生的流体动力作用将腐蚀性流体驱向裂缝尖端；在裂缝尖端随着循环产生新的表面以供氢吸附或发生氧化反应；这些表面的氧化作用限制了裂缝尖端的滑移可逆性。表示这一点的简单方法是将腐蚀疲劳裂纹扩展速率$(da/dN)_{cf}$视为惰性环境中机械疲劳裂纹扩展速率$(da/dN)_{fat}$乘以加速因子 Ω：

$$\left(\frac{da}{dN}\right)_{cf} = \Omega \left(\frac{da}{dN}\right)_{fat} \tag{7.18}$$

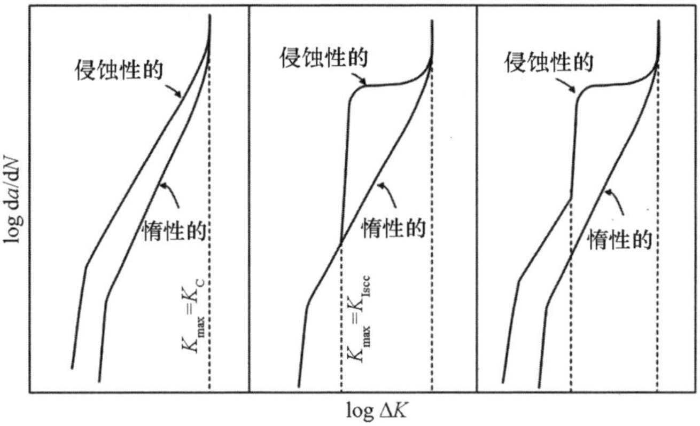

(a) 循环依赖的真腐蚀疲劳　(b) 时间依赖的应力腐蚀疲劳　(c) 循环和时间依赖的腐蚀疲劳

图 7.17　腐蚀疲劳裂纹扩展行为的基本类型

时间依赖的应力腐蚀疲劳［图 7.17（b）］可以建模为时间依赖（静态）应力腐蚀（或氢致）开裂机制[42]的直接叠加，如图 7.2 和 7.3 中的$v-K$曲线所示，其具有$(\mathrm{d}a/\mathrm{d}t)_{scc}=C'K^{n'}$形式的裂纹扩展关系，叠加到由 Paris 定律$(\mathrm{d}a/\mathrm{d}N)_{fat}=C\Delta K^m$表达的循环依赖的疲劳过程上，当$K_{max}$超过环境阈值$K_{Iscc}$时：

$$\left(\frac{\mathrm{d}a}{\mathrm{d}N}\right)_{cf}=\left(\frac{\mathrm{d}a}{\mathrm{d}N}\right)_{fat}+\frac{1}{v}\left(\frac{\mathrm{d}a}{\mathrm{d}t}\right)_{scc} \tag{7.19}$$

式中，v 为循环频率。

这两种行为类型的一个例子可以在图 7.18（a）中看到，该图展示了在空气和氢气环境中循环的$2^{1/4}$Cr－1Mo 压力容器钢的疲劳裂纹扩展情况。在大约低于 10^{-6} mm/循环的近门槛区域代表了真腐蚀疲劳的一个例子，而在K_{max}超过 20 MPa $\sqrt{\mathrm{m}}$以上，非循环载荷下氢致开裂的静态 $v-K$ 曲线可以简单地叠加在机械疲劳曲线上。

请注意，在将 $\mathrm{d}a/\mathrm{d}t-K$ 曲线叠加到 $\mathrm{d}a/\mathrm{d}N-\Delta K$ 疲劳曲线上时，叠加的 $\mathrm{d}a/\mathrm{d}t-K$ 部分的位置将取决于频率$\nu((\mathrm{d}a/\mathrm{d}t)\equiv\nu(\mathrm{d}a/\mathrm{d}N))$以及 R 比值$[K_{max}=\Delta K/(1-R)]$。这可以在图 7.18（b）中看到，该图显示了相同钢在空气和氢气中，以及不同 R 比值（0.05～0.5）下的疲劳测试；现在可以看到，静态 $\mathrm{d}a/\mathrm{d}t-K$ 曲线的叠加发生在不同的 ΔK 水平。

此处提出的叠加模型基于一种假设，即力学机制和环境机制是同时发生

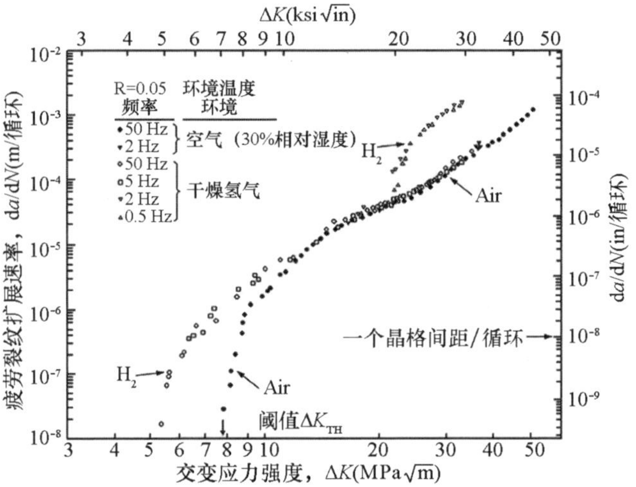

(a) 在10^{-6} mm/循环以下的真腐蚀疲劳，以及由在K_{max}超过20 MPa$\sqrt{m}$氢气中静态da/dt-K曲线的叠加表示的应力腐蚀疲劳

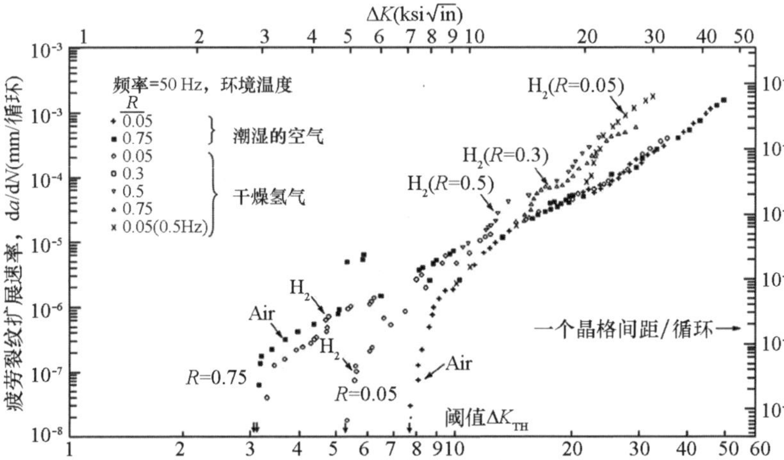

(b) 在R比值从0.05至0.5变化下的疲劳裂纹扩展行为[43]

图 7.18　在 $R=0.05$ 条件下在空气和氢气中测试的贝氏体$2^{1/4}$Cr－1Mo 压力容器钢 SA542－3 疲劳裂纹扩展速率 da/dN 对 ΔK 的函数关系

且本质上独立的，因此较快的过程占主导地位。然而，可以设想力学机制和环境机制是顺序发生且相互依赖的；在这种情况下，较慢的过程将占主导地

位。在这些条件下，过程竞争模型[44]比叠加模型更适合描述应力腐蚀疲劳，其中力学和环境因素的贡献是并行添加的，而不是串行添加的：

$$\left(\frac{\mathrm{d}a}{\mathrm{d}N}\right)_{\mathrm{cf}}^{-1}=\left(\frac{\mathrm{d}a}{\mathrm{d}N}\right)_{\mathrm{fat}}^{-1}+\left[\frac{1}{\nu}\left(\frac{\mathrm{d}a}{\mathrm{d}t}\right)_{\mathrm{scc}}\right]^{-1} \tag{7.20}$$

7.5　损伤容限寿命预测

直到 20 世纪 70 年代，加载结构的寿命预测方法主要依赖于基于应力（或应变）的总寿命方法，例如，使用涉及裂纹萌生和扩展直到失效的光滑棒状试样 $S-N$ 曲线预测疲劳寿命，然而，由于不确定如此小的实验室测试样本是否能真正预测出更大结构中缺陷导致裂纹萌生的可能性，美国空军以及随后许多其他行业采用了基于断裂力学的损伤容限寿命方法。在此方法中，假设任何结构中不可避免地存在缺陷；寿命则仅基于最大未检测裂纹扩展到失效的过程，例如，由极限载荷定义或当$K_{\mathrm{I}}=K_c$时。因此，结构中存在的初始裂纹是可容忍的——这就是“损伤容限设计”这一名称的来源；寿命预测因此是一个关于这些裂纹有多大以及它们将以多快的速度增长到结构失效的问题，即依赖于亚临界裂纹扩展的速率。

在本章中，我们描述了亚临界裂纹的主要机制，即疲劳、蠕变和环境致裂，在实际中这些机制经常组合出现，例如，蠕变-疲劳、腐蚀疲劳等。我们还描述了各种裂纹扩展“定律”，其中裂纹扩展速度（无论是相对于时间还是循环次数）与控制其裂纹尖端应力和应变场的相关表征参数相关联，例如，涉及疲劳相关的式（7.1）、环境致裂相关的式（7.2）和蠕变相关的式（7.7）。这些关系或更复杂的版本构成了许多安全关键结构损伤容限寿命预测方法的基础。

损伤容限寿命预测程序的工作方式是首先确定结构上的关键位置；这些可能是应力分析表明存在高应力区域的位置，可能存在作为应力集中器的缺口的位置，或者在服役中已经看到裂纹证据的位置。对于这些位置，将考虑最坏情况下的缺陷，并根据该零件在使用过程中可能遇到的施加应力来确定这种裂纹配置的应力强度解。为了清晰起见，这里假设一个简单的 I 型K_I解，用施加应力σ^{∞}和裂纹尺寸 a 表示：

$$K_I = Y\sigma^{\infty}\sqrt{\pi a} \tag{7.21}$$

式中，Y为几何因子，但对于实际结构，K解可能更加复杂。

接下来，需要知道在这些服役条件下的裂纹扩展速度有多快。假设已经确定疲劳是亚临界裂纹扩展的主要原因；因此，需要确定在应力状态、R比率比值、环境、频率等尽可能匹配服役条件的材料$v-K$曲线。为了简化，这里假设一个Paris定律增长速率关系：

$$\frac{da}{dN} = C\Delta K^m \tag{7.22}$$

同样认识到，服役条件下的实际关系可能更加复杂。将K_I解（式7.21）代入裂纹扩展关系式（7.22）得到：

$$\frac{da}{dN} = C(Y\Delta\sigma\sqrt{\pi a})^m \tag{7.23}$$

式中，$\Delta\sigma$为服役中的交变应力。重新排列并从初始裂纹尺寸a_i积分到最终裂纹尺寸a_f，得到：

$$\int_{a_i}^{a_f}\frac{da}{a^{\frac{m}{2}}} = C\,Y^m\,\pi^{\frac{m}{2}}\Delta\,\sigma_0^{mN_f}dN \tag{7.24}$$

使得失效时的循环次数N_f由下式给出（$m\neq2$）：

$$N_f = \frac{2}{(m-2)Y^mC\,\pi^{\frac{m}{2}}\Delta\,\sigma^m}\left[\frac{1}{a_i^{(m-2)/2}} - \frac{1}{a_f^{(m-2)/2}}\right] \tag{7.25}$$

可以看出，预测寿命是应力以及初始裂纹尺寸a_i的强函数。应力可以提升到2~4的幂次，而在脆性材料中或者更高；初始裂纹尺寸a_i通常与估计的最大未检测裂纹尺寸有关。量化这个最大未检测裂纹尺寸通常需要在部件投入使用之前使用无损检测技术检测，如荧光染料渗透剂、超声波检测、X射线照相、涡流检测等；然后将a_i的值等同于所用技术的分辨率极限（理想情况下，为可能遗漏的最大裂纹）。然后可以在关键部件（例如飞机发动机中的涡轮盘和叶片）的整个使用寿命中定期进行此类NDE，以验证寿命预测并根据需要进行维修。

最终裂纹尺寸a_f可以等同于剩余未开裂韧带中的应力超过抗拉强度时的裂纹尺寸，即在极限载荷时，或在$K_{max}=K_c$最终断裂时，当a_f超过由$a_c=\frac{1}{\pi}\left(\frac{K_c}{Y\sigma_{max}}\right)^2$给出的临界裂纹尺寸时。$a_f$的值对寿命的影响通常很小，因为它显然大于$a_i$且在一个倒数项中；然而，从其是否可以在结构断裂之前被检测到的角度来看，其大小至关重要（另见第 3. 3. 8 节）。

这种损伤容限寿命预测策略旨在通过考虑最坏情况条件和假设裂纹萌生寿命为零来提供保守的寿命估计。然而，在脆性材料中，无论是在高温还是在常温下，疲劳裂纹扩展速率对应力强度的显著敏感性，都给由这些材料制成的结构部件的损伤容限设计和寿命预测方法带来了独特的挑战[39]。对于承受循环变化载荷的先进材料，如金属间化合物和陶瓷，由于其“裂纹扩展定律”中的指数 m 值较大，这种方法在实际中可能难以实施。因为式（7. 24）中的预计寿命与所施加应力的 m 次方的倒数成正比，所以施加应力变化两倍可能会导致陶瓷部件的寿命预测（其中 m 可能高达 20 或更高）变化超过 6 个数量级。从本质上讲，由于指数较高，先进材料在裂纹扩展阶段所花费的寿命要么极其有限，要么无限大，这取决于初始应力强度是刚好高于还是低于阈值应力强度。

因此，对于这些材料，更合适的方法可能是基于低于该阈值则不会发生失效的设计。对于疲劳，这可能涉及从 $S-N$ 数据中确定的常规耐久强度或疲劳极限，或者更保守地，使用 ΔK_{TH}或$K_{max,TH}$阈值来表示无裂纹扩展。实际上，在后一种情况中，使用阈值应力强度在设计中定义临界裂纹尺寸，而不是断裂不稳定性，这并不罕见，特别是当亚临界扩展速率非常快，或疲劳频率非常高时，因为一旦超过阈值，裂纹就可以在不可接受的短时间内（可能适用于受振动疲劳影响的涡轮叶片）沿着整个 $v-K$ 曲线扩展到失效。

然而，即使是这些方法也可能不是完全保守的，因为在存在小裂纹的情况下，这些阈值的定义存在不确定性[45]。在这些情况下，必须考虑小裂纹效应的问题，要么对相对较小的裂纹进行阈值测量（发动机公司经常使用含有小“绳索”起始裂纹的小拉伸型试样来测量其涡轮叶片设计中的接近阈值数据），和/或使用裂纹扩展实验，其中裂纹闭合的作用可能受到限制。这可以通过使用 ΔK_{eff}测量来实现，但更简单的方法是使用非常高的 R 比裂纹扩展数据。实际上，尽管仍然是近似的，但图 7. 15（a）中高达 0. 95 的大裂纹恒定K_{max}扩展速率确实提供了更接近实际小裂纹的估计。

尽管存在与脆性材料和小裂纹相关的一些难题，但基于断裂力学的损伤容限寿命预测方法仍然可以提供结构和组件安全寿命的保守估计，即使是在无法进行周期性非破坏性检查的情况下（如医疗假体）。因此，它现在广泛应用于核能和商业/军事航空航天领域，并越来越多地应用于在极端温度和/或恶劣环境中承受单调或循环变化载荷的众多组件的设计和寿命预测。

参考文献

[1] PARIS P C, GOMEZ M P, ANDERSON W E. A rational analytic theory of fatigue[J]. Trends Engineering, 1961, 13: 9 - 14.

[2] PARIS P, ERDOGAN F. A critical analysis of crack propagation laws[J]. Journal of Basic Engineering, 1963,85(4): 528 - 533.

[3] JOHNSON H H, PARIS P C. Sub-critical flaw growth[J]. Engineering Fracture Mechanics, 1968,1(1): 3 - 45.

[4] HÄNNINEN H. Stress corrosion cracking[M]//MILNE I, RITCHIE R O, KARIHALOO B. Comprehensive structural integrity, vol. 6. Oxford, UK: Elsevier, 2003.

[5] GANGLOFF R P. Hydrogen-assisted cracking in high-strength alloys[M]//MILNE I, RITCHIE R O, KARIHALOO B. Comprehensive structural integrity, vol. 6. Oxford, UK: Elsevier, 2003: 31.

[6] RITCHIE R O, CEDENO M C, ZACKAY V, et al. Effects of silicon additions and retained austenite on stress corrosion cracking in ultrahigh strength steels[J]. Metallurgical Transactions A, 1978, 9: 35 - 40.

[7] LANDES J D, BEGLEY J A. A fracture mechanics approach to creep crack growth[M]//RICE J R, PARIS P C. Mechanics of crack growth. West Conshohocken, PA: ASTM, 1976: 128.

[8] NIKBIN K N, WEBSTER G A, TURNER C E. Relevance of nonlinear fracture mechanics to creep crack growth[M]//SWEDLOW J L, WILLIAMS M L. Cracks and fracture. West Conshohocken, PA: ASTM, 1976: 47.

[9] SAXENA A. Advanced fracture mechanics and structural integrity[M]. Boca Raton: CRC Press, 2019.

[10] RIEDEL H, RICE J R. Tensile cracks in creeping solids[M]//PARIS P C. Fracture mechanics. West Conshohocken, PA: ASTM, 1980: 112.

[11] OHJI K, OGURA K, KUBO S. Stress-strain field and modified J-integral in the vicinity of a crack tip under transient creep conditions[J]. Japan Society

of Mechanical Engineering, 1979,790(13): 18 -20.

[12] SAXENA A. Creep crack growth under nonsteady-state conditions[M]//SMITH C W, EPSTEIN J S, OLAOSEBIKAN O. Fracture mechanics: seventeenth volume. West Conshohocken, PA: ASTM, 1986: 185.

[13] BASSANI J L, HAWK D E, SAXENA A. Evaluation of the ct parameter for characterizing creep crack growth rate in the transient regime, vol. I[M]//SAXENA A, LANDES J D, BASSANI J L. Nonlinear fracture mechanics: volume I time-dependent fracture. West Conshohocken, PA: ASTM, 1990: 112.

[14] SAXENA A. Nonlinear fracture mechanics for engineers[M]. Boca Raton, FL: CRC press, 1997.

[15] RITCHIE R O. Influence of microstructure on near-threshold fatigue-crack propagation in ultra-high strength steel[J]. Metal Science, 1977,11(8 -9): 368 -381.

[16] FORMAN R G, KEARNEY V E, ENGLE R. Numerical analysis of crack propagation in cyclic-loaded structures[J]. Journal of Basic Engineering, 1967,89(3): 459 -463.

[17] KLESNIL M, LUKÁŠ P. Influence of strength and stress history on growth and stabilisation of fatigue cracks[J]. Engineering Fracture Mechanics, 1972,4(1): 77 -92.

[18] DONAHUE R J, CLARK H M, ATANMO P, et al. Crack opening displacement and the rate of fatigue crack growth[J]. International Journal of Fracture Mechanics, 1972,8: 209 -219.

[19] DOWLING N E, BEGLEY J A. Fatigue crack growth during gross plasticity and the J-integral[M]//RICE J R, PARIS P C. Mechanics of crack growth. West Conshohocken, PA: ASTM, 1976: 82.

[20] RICE J R. Mechanics of crack-tip deformation and extension by fatigue[M]//GROSSKREUTZ J C. Fatigue crack propagation. West Conshohocken, PA: ASTM, 1967: 247.

[21] RITCHIE R, KNOTT J. Mechanisms of fatigue crack growth in low alloy steel[J]. Acta Metallurgica, 1973,21(5): 639 -648.

[22] LAIRD C, SMITH G. Crack propagation in high stress fatigue[J].

Philosophical Magazine, 1962,7(77): 847 - 857.

[23] RITCHIE R. Near-threshold fatigue-crack propagation in steels [J]. International Metals Reviews, 1979,24(1): 205 - 230.

[24] PELLOUX R N. Crack extension by alternating shear [J]. Engineering Fracture Mechanics, 1970, 1(4): 697 - 704.

[25] NEUMAN P. New experiments concerning the slip processes at propagating fatigue cracks-I[J]. Acta Metallurgica, 1974,22: 1155 - 1165.

[26] HOSSEINI Z S, DADFARNIA M, SOMERDAY B P, et al. On the theoretical modeling of fatigue crack growth[J]. Journal of the Mechanics and Physics of Solids, 2018,121: 341 - 362.

[27] WOLF E. Fatigue crack closure under cyclic tension [J]. Engineering Fracture Mechanics, 1970, 2(1): 37 - 45.

[28] SURESH S, RITCHIE R. Propagation of short fatigue cracks [J]. International Metals Reviews, 1984,29(1): 445 - 475.

[29] RITCHIE R. Mechanisms of fatigue crack propagation in metals, ceramics and composites: role of crack tip shielding[J]. Materials Science and Engineering: a, 1988,103(1): 15 - 28.

[30] SURESH S, RITCHIE R. On the influence of environment on the load ratio dependence of fatigue thresholds in pressure vessel steel[J]. Engineering Fracture Mechanics, 1983,18(4): 785 - 800.

[31] SHANG J K, TZOU J L, RITCHIE R. Role of crack tip shielding in the initiation and growth of long and small fatigue cracks in composite microstructures[J]. Metallurgical Transactions A, 1987, 18: 1613 - 1627.

[32] VON EUV E F J, HERTZBERG R W, ROBERTS R. Delay effect in fatigue-crack propagation[M]//CORTEN H T, GALLAGHER J P. Stress analysis and growth of cracks: proceedings of the 1971 national symposium on fracture mechanics: part 1. West Conshohocken, PA: ASTM, 1972: 230.

[33] NEWMAN J C. Prediction of fatigue crack growth under variable amplitude and spectrum loading using a closure model[M]//ABELKIS P R, HUDSON C M. Design of fatigue and fracture resistant structures. West Conshohocken, PA: ASTM, 1982: 255.

[34] PETERS J, RITCHIE R. Influence of foreign-object damage on crack

initiation and early crack growth during high-cycle fatigue of Ti－6Al－4V [J]. Engineering Fracture Mechanics, 2000,67(3): 193－207.

[35] RITCHIE R, LANKFORD J. Small fatigue cracks: a statement of the problem and potential solutions [J]. Materials Science and Engineering, 1986,84: 11－16.

[36] American Society for Testing and Materials. Standard method for measurement of fatigue crack growth rates: ASTM Standard E647－15[S]. West Conshohocken, PA: ASTM, 2020.

[37] ARONSON G, RITCHIE R. Optimization of the electrical potential technique for crack growth monitoring in compact test pieces using finite element analysis[J]. Journal of Testing and Evaluation, 1979,7(4): 208－215.

[38] MUHLSTEIN C, STACH E, RITCHIE R. A reaction-layer mechanism for the delayed failure of micron-scale polycrystalline silicon structural films subjected to high-cycle fatigue loading[J]. Acta Materialia, 2002,50(14): 3579－3595.

[39] RITCHIE R O. Mechanisms of fatigue-crack propagation in ductile and brittle solids[J]. International Journal of Fracture, 1999,100: 55－83.

[40] DAUSKARDT R. A frictional-wear mechanism for fatigue-crack growth in grain bridging ceramics[J]. Acta Metallurgicaet Materialia, 1993, 41(9): 2765－2781.

[41] MCEVILY A J, WEI R P. Fracture mechanics and corrosion fatigue[C]// CROOKER T W, LEIS B N. Corrosion fatigue: mechanics, metallurgy, electrochemistry, and engineering. ASTM International, 1972: 25.

[42] WEI R P, LANDES J D. Correlation between sustained-load and fatigue crack growth in high-strength steels[R]. Washington: NASA, 1969.

[43] SURESH S, RITCHIE R. Mechanistic dissimilarities between environmentally influenced fatigue-crack propagation at near-threshold and higher growth rates in lower strength steels[J]. Metal Science, 1982,16(11): 529－538.

[44] AUSTEN I, MCINTYRE P. Corrosion fatigue of high-strength steel in low-pressure hydrogen gas[J]. Metal Science, 1979,13(7): 420－428.

[45] RO R, JO P. Small fatigue cracks: mechanics, mechanisms and engineering applications[J]. Materials Transactions, 2001,42(1): 58－67.

第 8 章　实际案例

8.1　引言

在本章中，我们将根据自己的实际经验，提供几个使用断裂力学的实际案例。这些案例的范围从选择支撑重物的支撑杆所用钢材，到利用先漏后破概念设计压力容器，再到预紧螺栓过早失效的问题，以及医学植入心脏瓣膜假体的安全寿命估算。

8.2　实际案例

8.2.1　支撑重物的支撑杆材料选择

第一个案例是一个看似简单的案例，涉及选择哪种钢材来制作支撑重物的支撑杆。它可能是起重机的缆绳，或者在某个特定案例中，是一个矩形杆，用来支撑重量 P，如图 8.1（a）所示，可将其模拟为（b）一个半无限边缘裂纹拉伸体，宽度为 $W=2.1$ in（1 in，即 25.4 mm），厚度为 $B=1$ in，含有一个贯穿厚度的边缘裂纹，长度为 $a=0.1$ in。为了简化，我们设定杆的截面尺寸宽度为 $W=2.1$ in（53.3 mm），厚度为 B。我们的选择是使用低强度软钢，其屈服强度 σ_y 为［55 ksi（739 MPa）］，断裂韧性 $K_{Ic}=100$ ksi $\sqrt{\text{in}}$（110MPa $\sqrt{\text{m}}$）；或者使用高强度低合金钢，其屈服强度 σ_y 更高［250 ksi，

(1724 MPa)]，但断裂韧性 $K_{Ic}=50\ \text{ksi}\sqrt{\text{in}}$ ($55\text{MPa}\sqrt{\text{m}}$)。

解决这个问题的一种方法是计算支撑杆在不失效的情况下可以支撑多少重量。然而，失效不仅可能由断裂引起，还可能由塑性屈服（极限载荷失效）引起，因此需要考虑这两种情况。

首先考虑断裂，我们有理由相信任何金属件都会存在缺陷。考虑到这一应用的严重性——比如说人们将在支撑的重物下行走——我们需要在将其投入使用前对成品进行无损检测，以检查是否存在任何此类缺陷。

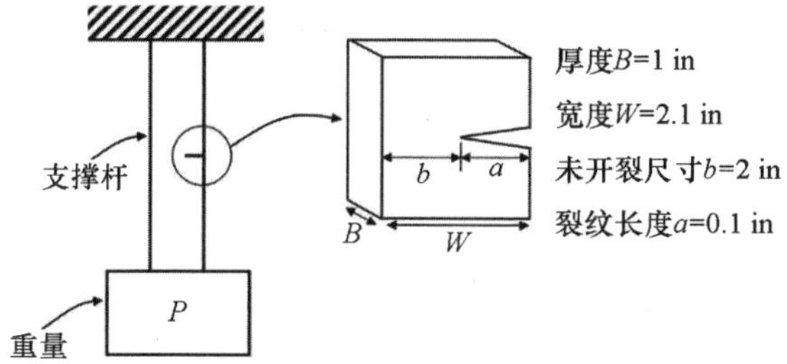

(a) 一根承载重量为P的支撑杆　(b) 一个半无限边缘裂纹拉伸体

图 8.1　支撑杆示意

为简化起见，我们假设此处使用的无损检测技术具有可靠的分辨率极限（如表面裂纹为 0.1 in）。如果我们将其视为未检测到的最大裂纹尺寸，以代表最坏情况下的贯穿厚度表面裂纹，那么我们可以将支撑杆模拟为如图 8.1（b）所示的边缘裂纹拉伸体，厚度为 $B=1$ in (25.4 mm)，宽度为 $W=2.1$ in (53.3 mm)，裂纹长度为 $a=0.1$ in (2.5 mm)，未开裂尺寸为 $b=2$ in (50.8 mm)。根据图 3.3 的 K 解，该裂纹的模式 Ⅰ K_I为：

$$K_I = 1.12\,\sigma^{\infty}\sqrt{\pi a} \tag{8.1}$$

其中，结构中的远场拉伸应力为：

$$\sigma^{\infty} = P/bB \tag{8.2}$$

对于断裂失效，我们可以考虑$K_I=K_{Ic}$，这样，断裂时的载荷P_F将为：

$$P_F = \frac{bB}{1.12}\frac{K_{Ic}}{\sqrt{\pi a}} \tag{8.3}$$

对于屈服失效，当 $\sigma^{\infty}=\sigma_0$，拉伸（或屈服）强度与一般屈服时的载荷P_y将大约为：

$$P_y = bB\,\sigma_y \tag{8.4}$$

式中，$\sigma_0=\sigma_y$，屈服强度取值较为保守。使用式（8.3）和（8.4），支撑杆在断裂或一般屈服前所能承受的最大载荷如表 8.1 所示。

表 8.1　低强度软钢和高强度低合金钢的机械性能以及预测的屈服和断裂失效载荷

钢材	σ_y	K_{Ic}	P_y①	P_F
低强度钢	55 ksi （939 MPa）	100 ksi $\sqrt{in}$ （110 MPa $\sqrt{m}$）	110 000 lb （489 kN）	320 000 lb （1423 kN）
高强度钢	250 ksi （1724 MPa）	50 ksi $\sqrt{in}$ （55 MPa $\sqrt{m}$）	500 000 lb （2224 kN）	160 000lb （712 kN）

注：为保守起见，我们在此计算中假设了屈服强度。

上述结果表明，高强度钢可以承受更高的载荷；预测其在超过160 000 lb（712 kN）的载荷下会断裂，预测低强度钢则在110 000 lb（489 kN）时一般会屈服。根据所使用的安全系数来确定这些失效载荷是否高于所支撑的重量 P，那么高强度钢似乎是更好的选择。然而，更重要的是，预测结果表明，高强度钢会在一般屈服之前断裂，这意味着会发生没有预警的灾难性失效；此外，实际的断裂载荷将显著依赖于钢材中存在的缺陷。如果这是一个安全关键的应用，涉及潜在的生命损失，如有人在支撑的重物下行走，那么更安全的选择将是选择较低强度的材料；尽管其承载能力略低，但它在断裂前会显示出明显的屈服迹象。事实上，几乎所有用于压力容器和管道、交通运输或建筑行业的结构合金都不是超高强度的材料；相反，它们大多数强度较低，抗拉强度通常低于 100 ksi（约为 700 MPa），以避免没有预警的断裂所带来的显著风险。

最后一点，还要关注这些预测的失效载荷在估计失效时是否保守，因为从工程角度来看，保守一些是有意义的。在这里，尽管我们更加保守地采用屈服强度而不是抗拉强度，但当假设远场应力超过抗拉强度时发生失效，则屈服载荷将相当准确。然而，对于断裂，存在小规模屈服和平面应变条件的问题，我们通过使用K_{Ic}值来默认考虑了这些因素。如第 3.3.2 节所述，是否属于这种情况取决于塑性区r_y的大小与未开裂尺寸 b 和样品厚度 B 之间的比较。使用式（3.4），高强度钢在断裂时的r_y值大约为 0.01 in（0.25 mm），而在低强度钢中大约为0.5 in（12.7 mm）。显然，对于高强度钢，r_y与 b 和 B 相比很小，这意味着适用小规模屈服/平面应变条件，使用K_{Ic}作为断裂时的应力强度值是合适的。然而，对于低强度钢，r_y为 0.5 in，因此至少不再比 b 和 B 小一个数量级。这种材料在断裂时显然不处于平面应变状态，因此，从图 3.8 中可以看出，断裂时的应力强度几乎肯定会大于K_{Ic}，这意味着低碳钢中的断裂载荷肯定会超过我们预测的 320 000 lb（1423 kN），即表 8.1 中对这种钢的原始估计是保守的。这应该足够了，但由于这里也没有实现小规模屈服的条件，如果安全是此应用中的首要考虑因素，那么可能还需要对低强度钢中的断裂载荷进行非线性弹性 J 分析（如第 4.3 节所述），以获得这种材料中断裂载荷的改进估计。

8.2.2　压力容器的先漏后破概念

压力容器的一个安全设计准则是“先漏后破”，即容器会先泄漏（无论是气体还是液体），以在容器发生灾难性失效之前发出严重缺陷的警告。假设有一个薄壁压力容器，其半径为 r，壁厚为 t（其中 $r/t\gg1$），内部压力为 p。如图 8.2 所示，它的容器壁包含一个椭圆形表面裂纹，深度为 a，表面长度为 $2c$，沿纵向 z 方向排列。在断裂力学中，“先漏后破”概念意味着（贯穿容器壁的）临界裂纹尺寸必须大于壁厚，即$a_c>t$。

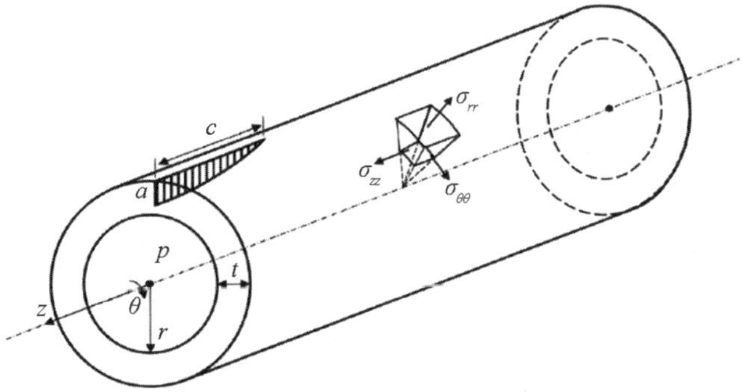

图 8.2　薄壁压力容器示意

这样一个包含内部压力 p 的薄壁压力容器的应力状态由以下解给出：

$$\sigma_{\theta\theta}=\frac{pr}{t},\sigma_{zz}=\frac{pr}{2t},\sigma_{rr}\sim 0 \tag{8.5}$$

图 8.2 中的椭圆形表面裂纹是纵向排列的，因此仅受到环向应力$\sigma_{\theta\theta}$[1] 的作用。因此，假设线弹性断裂力学适用，即模式 I 中的小规模屈服，根据图 3.3，K_I解将由下式给出：

$$K_{\mathrm{I}} = \frac{1.12\,\sigma_{\theta\theta}\sqrt{\pi a}}{\Phi} \tag{8.6}$$

式中 Φ 为 c/a 的函数。为简化起见，假设裂纹为半圆形，即 $a \sim c$，$\Phi = 1.571$。因此，当$K_{\mathrm{I}} = K_{\mathrm{Ic}}$断裂时：

$$K_{\mathrm{I}} = K_{\mathrm{Ic}} = \frac{1.12(pr/t)\sqrt{\pi a_c}}{1.571} \tag{8.7}$$

这样，根据式（3.6），临界裂纹尺寸a_c由下式给出：

$$a_c = \frac{1}{\pi}\left(\frac{t K_{\mathrm{Ic}}}{0.71pr}\right)^2 \tag{8.8}$$

应用“先漏后破”概念$a_c > t$：

$$\frac{1}{\pi}\left(\frac{t K_{\mathrm{Ic}}}{0.71pr}\right)^2 > t \tag{8.9}$$

然后设定材料的最小断裂韧性，以满足用于制造压力容器“先漏后破”的要求：

$$K_{\mathrm{Ic}} > \frac{0.71\sqrt{\pi}pr}{\sqrt{t}} \tag{8.10}$$

8.2.3 压力室预紧螺栓的失效

第三个问题涉及预紧螺栓，为在螺栓中产生预紧力，这些螺栓被拧紧到特定水平，通常是其抗拉强度的 1/2 ~3/4。这个特定问题涉及一个塑料挤压机的压力室，它使用 2 ft（0.6 m）长的高强度钢螺栓固定在一起，这些螺栓的名义直径为 1 -5/8 in（41.3 mm）。如图 8.3 所示，螺栓的两端都有螺纹，

[1]如果此裂纹的取向不同，它将代表一个双轴应力配置，并适用于第 3.6.1 节中描述的倾斜裂纹分析。为了计算这种混合模式加载下的驱动力，理想情况下会同时考虑模式 I 和模式 II 的贡献，如式（3.17）所示，但这将需要关于模式 I 和模式 II 断裂韧性的信息，而这些信息并不总是容易获得的（尤其是在模式 II 中）。在这种情况下，由于大多数裂纹不可避免地以模式 I 扩展，因此通常可以通过仅考虑垂直于裂纹表面的最大主应力来获得合理的答案，特别是在较高强度、较低韧性的材料中。

并被拧紧以在螺栓中产生大约等于钢材屈服强度一半的预紧力。它们由 0.3% C 合金钢制成，并经过热处理（即在 900 ℃温度下进行奥氏体化），油中淬火，然后在 500 ℃温度下进行双重回火，以获得马氏体微观结构。热处理后合金钢的测量性能列于表 8.2 中。

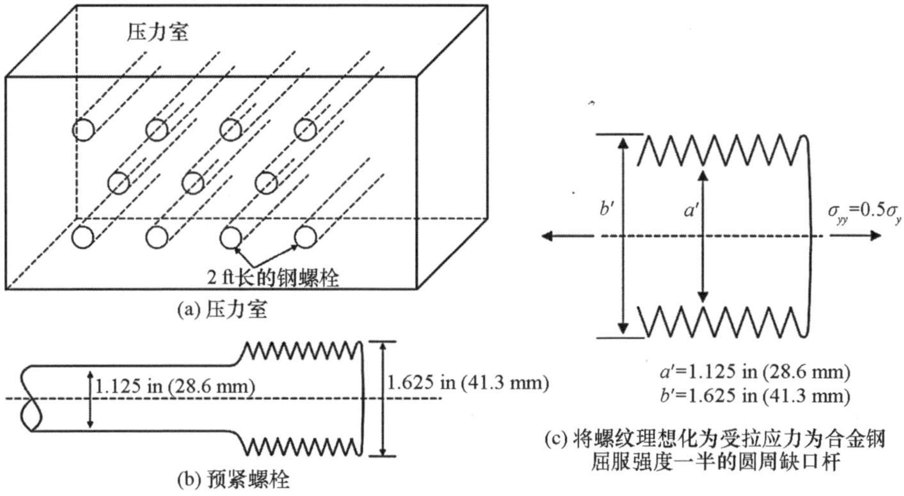

图 8.3　压力室预紧螺栓示意

表 8.2　淬火和500℃双重回火合金钢的强度和韧性性能（英制和国际单位制）

屈服强度 σ_y	抗拉强度	Charpy V 型缺口能量	断裂韧性 K_{Ic}
60 ksi（420 MPa）	80 ksi（550 MPa）	18 ft in（24.5 J）	70 ksi $\sqrt{in}$（77MPa $\sqrt{m}$）

在制造过程中，在拧紧螺栓后的几分钟到几小时内，甚至在压力室加压之前，几个螺栓开始在螺纹处通过解理发生灾难性断裂。这让挤压机公司大为惊讶，他们制造过许多这样的压力室，但从未有过如此大尺寸且带有如此大直径螺栓的压力室。为什么螺栓会断裂？这个问题又该如何解决？

一位之前的顾问认为可能涉及氢脆。如第 7.2 节所述，氢确实可以极大地使钢脆化，并显著降低引发断裂的应力强度（表 7.1），但氢的来源并不清楚。一个更可能的来源是在大型螺栓的螺纹处淬火时产生的热冲击，这当然会在螺纹根部产生微小的裂纹。

为了评估螺纹处断裂的可能性，可以将螺栓模拟为在模式 I 张力下受纵向拉应力作用的圆周缺口杆，该拉应力为屈服强度的一半，即$\sigma_{yy}\sim 30$ksi（207 MPa），如图 8.3（c）所示。在缺口根部，即螺纹处，根据 Tada、Paris 和 Irwin 手册[1]，K_{I}解由拉伸载荷 P 以及尺寸a'和b'给出，为：

$$K_{\mathrm{I}}=\frac{\sqrt{2}P}{\pi a'^{2}}\sqrt{\pi a'(1-a'/b')}\cdot Y \tag{8.11}$$

式中，几何因子 Y 由下式给出：

$$Y=1+0.5(a'/b')+0.375\,(a'/b')^{2}-0.363\,(a'/b')^{3}+0.731\,(a'/b')^{4} \tag{8.12}$$

代入螺栓的尺寸，$a'=1.125$ in（28.6 mm），$b'=1.625$ in（41.3 mm），以及施加的拉伸应力 30 ksi（207 MPa），计算出在拧紧后螺纹根部的应力强度K_{I}为 70 ksi $\sqrt{\text{in}}$（77 MPa $\sqrt{\text{m}}$），这基本上与断裂韧性K_{Ic}相同。尽管螺栓的尺寸不满足小范围屈服和平面应变准则，不能完全证明使用K_{Ic}的合理性，但这个值与螺纹中可能产生的应力强度的接近程度是一个主要关注点。

显然，在这里使用这种合金钢并施加这种水平的预紧力是一个糟糕的材料选择；它的韧性对于这种应用来说显然不足。更好的建议是使用 AISI 4340 钢（按重量百分比计，0.4C，2Ni，1Cr，0.2Mo，余量为 Fe），或者其 Si 改性 300－M 变体，它们可以通过淬火和回火达到约 100 ksi（690 MPa）强度级别，但具有约 40% 的更高的断裂韧性。一种符合“飞机质量”的组分，其中 S 和 P 杂质含量较低（<0.04%），将进一步降低韧脆转变温度并提高抗断裂性。然而，如果对氢吸收的担忧成为现实，那么使用更高合金化的钢将是明智的，这种钢对环境致裂更具抵抗力。这自然会增加成本，但 200 级马氏体时效钢（按重量百分比计，成分为 0.03C，18Ni，8Co，5Mo，0.5Ti，余量为 Fe）在这里将是一个不错的选择，因为在这个强度级别下，马氏体时效钢具有更高的韧性，并且对氢脆具有更强的抵抗力。

一个有趣的案例是 2013 年发生的类似事件，当时旧金山奥克兰海湾大桥的新东段即将完工，为了防止桥梁在强烈地震活动中与桥梁支座分离，大桥设计了“剪切键”，这是位于桥墩下方的大型混凝土块，由大直径螺栓支撑，用于减缓地震振荡。这些螺栓特别大，直径约为 2～4 in（约 50～100 mm），由淬火和回火的 ASTM A354 BD 级钢制成，热处理至 140 ksi（965 MPa）的抗拉强度，然后进一步进行热浸镀锌以防腐蚀。

2008 年 11 月，施工方将锚杆安装到“剪切键”中，但直到四年半后才进行预紧。它们被预紧至其规定抗拉强度的 70%，但仅仅两周后，三分之一的锚定螺栓在螺纹部分或附近发生断裂。尽管当预紧力降低到约 40% 时，断裂就停止了，但不得不放弃整个螺栓结构（无法移除），并安装了一个替代锚固系统作为围绕的“套管”；这发生在大桥开通前仅 6 个月。

随后的调查发现，断裂螺栓的螺纹处出现了沿晶裂纹，这是钢中氢致开裂的特征表现。这种氢脆被认为是由于预紧螺栓浸入海水中而发生的，氧化环境和应力是氢进入钢中的主要因素[2]。与上述压力室示例一样，淬火至马氏体然后进行回火的热处理过程很可能导致一些螺纹根部出现淬火裂纹，而这只会加剧问题。

其中一位作者尝试使用式（8.11）估算这些大螺栓在 100 ksi 预紧力（即钢的抗拉强度的 70%，690MPa）下螺纹根部产生的应力强度 K_I，并发现 K_I 值约为 90 ksi $\sqrt{\text{in}}$（99 MPa $\sqrt{\text{m}}$）。这些值非常高，处于在这种强度水平下该钢材断裂韧性的 10% ~20%。因此，即使没有热致淬火裂纹或氢脆的进一步退化，它们也代表了一个潜在的安全问题。所以，这么多的螺栓在预紧后断裂也就不足为奇了。

令人震惊的是，在过去 50 年左右的时间里，在材料开发和失效分析方面取得了如此多的进展，但在 21 世纪，这种常规钢仍然会发生这种情况。我们自己的观点是，大家对断裂力学分析的重视仍然不足。这本来应该在事情发生之前就发出警告，但总是一如既往地成为“事后诸葛亮”。

8.2.4　心脏瓣膜假体的安全寿命估算

20 世纪 70 年代，用于医学植入以替换心脏中受损或故障的主动脉瓣或二尖瓣的机械心脏瓣膜假体，主要以带有倾斜圆盘（封堵器）的金属环形式制造，该圆盘铰接在入口和出口支柱之间，焊接在金属环上或与金属环成为一体，以使圆盘能够打开和关闭。最受欢迎的瓣膜采用 Haynes 25（称为 L605）合金（重量百分比组成为 50Co、20Cr、15W、10Ni、3Fe、1.5Mn）带有热解碳涂层的石墨（或纯热解碳）封堵器。然而，大约在 1979 年，使用最广泛的瓣膜之一——Björk - Shiley“凸凹”（C - C）瓣膜开始在体内出现故障。具体来说，在出口支柱底部焊接区域发生疲劳断裂，导致封堵器脱出。C - C 瓣膜于 1986 年从市场上撤回，但在此之前，80 000 个植入瓣膜中有超过 600 个出现故障，其中三分之二的患者死亡。

据我们所知，这种瓣膜设计在投入使用之前，没有进行过寿命预测分析。因此，当时一位研究者被要求制定断裂控制计划并提出寿命预测策略，以尽量减少此类体内故障。在此之前，医疗器械的设计采用传统的应力－寿命（S－N）方法（如果有的话），即将服役中的循环应力估计值与在适当循环次数下定义的材料疲劳耐久性强度进行比较。然而，由于此类方法无法考虑到预先存在的裂纹和缺陷，因此需要采用断裂力学方法，根据未被检测到的最大裂纹扩展至失效的循环次数来计算寿命，这种方法以前在医疗器械行业很少被使用。该分析是在一种类似的瓣膜——Shiley Monostrut 瓣膜（图 8.4）上进行的，在这种瓣膜中，流入和流出支柱与金属环是一体的，即不涉及焊接[3]。图8.4（a）表示 Björk-Shiley Monostrut 人工心脏瓣膜，显示了入口和出口支架几何形状的示意图，（b，c）表示瓣膜在开闭过程中的操作，（d）表示任一支架中可能出现的裂纹形态。

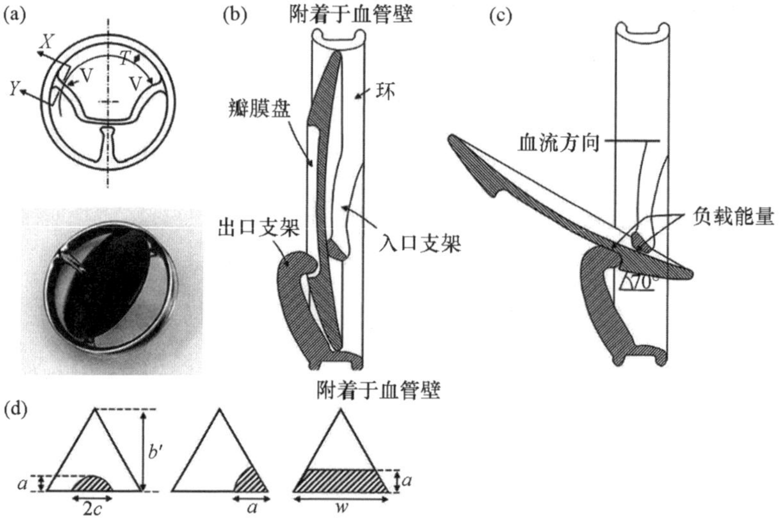

(a) 人工心脏瓣膜；(b) 瓣膜打开；(c) 瓣膜关闭；(d) 裂纹

图 8.4　Shiley Monostrut 人工心脏瓣膜

如图 8.4（b）与（c）所示，在碟瓣型瓣膜中，封堵器的运作会在支柱底部产生最大弯曲应力（C－C 瓣膜的焊缝就位于此处）。为了对 Monostrut 瓣膜进行保守分析，我们采取了以下措施：（1）考虑了瓣膜部件在规格范围内的最小尺寸；（2）使用有限元分析来计算支柱底部的应力，这依赖于实验脉冲复制器研究，以通过在模拟的峰值生理流量条件下，用校准支柱上测量到的挠度来确定最大总垂直载荷值；（3）分析了位于这些峰值应力位置的实际预先存在缺陷的影响；（4）最后在模拟生理环境的 37℃ 的乳酸林格液中，测量了用于制造瓣膜的相同 Haynes 25 合金在一系列 R 比值下疲劳裂纹扩展速率随 ΔK 的变化情况（图 8.5）。

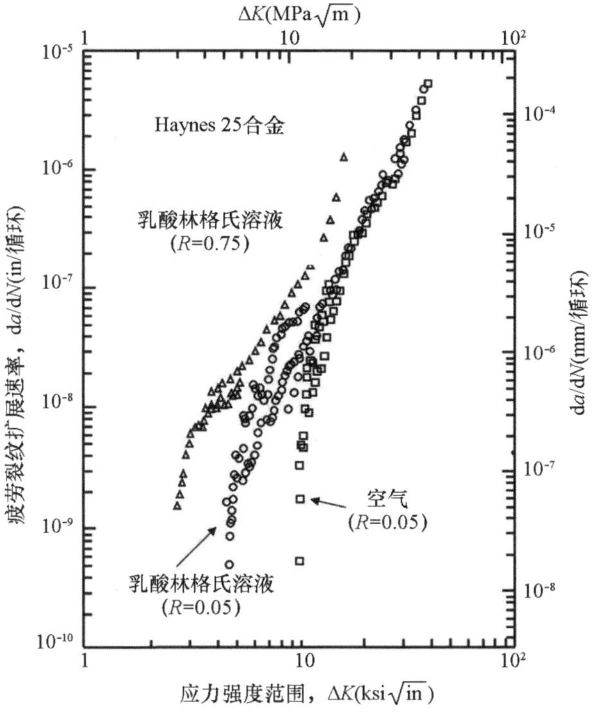

图 8.5　在37℃空气和乳酸林格液中，用于 Haynes 25 合金在加载比为 $R=0.05$ 和 0.75 时测试中疲劳裂纹扩展速率的变化（da/dN），作为应力强度范围（ΔK）的函数[3]

对于在峰值生理载荷下的入口支柱，确实发现在瓣膜关闭期间，最大计算拉应力范围作用在支柱根部，即离出口支柱最远的顶点处［图 8.4（a）中的位置 V］；对出口支柱的相应数值分析同样表明，最大拉应力范围在瓣膜打开期间作用在靠近出口（下游）表面的支柱底部[3]。对于出口支柱，这些应力范围为 $\Delta\sigma^{\infty}=34$ MPa；对于入口支柱为 76 MPa。还应考虑支柱底部存在的任何残余应力；在最初的分析中没有进行这一考虑，但这始终是一个需要考虑的重要因素。

分析了各种理想化的裂纹形态［图 8.4(d)］。特别是，考虑了入口和出口支架底部深度为 a 的最坏情况角裂纹和穿透厚度裂纹［图 8.4(a)～(c)］。这些形态的数值解给出了模式 I 的K_I解，用峰值生理载荷下支架底部的拉伸应力σ^∞表示为：

$$K_I = Y\sigma^\infty\sqrt{\pi a} \tag{8.13}$$

式中，对于角裂纹，$Y=0.8$ 对应 $a/b' \leqslant 0.25$，0.95 对应 $a/b'=0.50$；对于穿透厚度裂纹，对应 $0<a/b'<1$：

$$Y=\sqrt{\frac{2b'}{\pi a}\tan\left(\frac{\pi a}{2b'}\right)}\left[\frac{0.923+0.199\left(1-\sin\frac{\pi a}{2b'}\right)^4}{\cos\left(\frac{\pi a}{2b'}\right)}\right] \tag{8.14}$$

对于初始裂纹尺寸为支柱尺寸 25% 的情况，在式（8.13）中所有 K_I解的有效范围内，使用脉冲复制器和有限元研究确定的峰值生理应力，入口支架的应力强度K_I水平未超过 3.3 MPa $\sqrt{\text{m}}$，出口支架的应力强度水平未超过 1.5 MPa $\sqrt{\text{m}}$。就裂纹检测的无损评估程序而言，裂纹尺寸的相关维度是表面裂纹长度，而最可能的是硬币形裂纹。然而，这种裂纹前方产生的应力强度通常至少比角裂纹低 20%。为保守起见，就可检测的表面裂纹长度而言，角裂纹被视为两个支架的最佳解；穿透厚度裂纹被认为极不可能，因其过于保守。

鉴于这些较小的应力强度，通过对图 8.5 中近门槛值疲劳裂纹扩展数据进行回归拟合，定量地估计了 da/dN 随 ΔK 的相关变化，特别是在模拟的生理环境中，名义零张力加载（$R\sim 0$）下低于 10^{-7} mm/循环的情况，即

$$da/dN=(7.10\times 10^{-20})\Delta K^{12.2} \tag{8.15}$$

单位为 MPa $\sqrt{\text{m}}$和 m/循环，其中阈值应力强度范围由 $\Delta K_{TH}\approx 4.5$ MPa $\sqrt{\text{m}}$给出。

将此阈值 ΔK_{TH}与基于式（8.12）的计算进行比较，结果表明，在峰值生理载荷下，对于初始表面裂纹尺寸a_0小于入口和出口支架横截面尺寸一半的情况，产生的初始 ΔK 值小于 ΔK_{TH}。因此，只要实施适当的无损检测程序，并且能够可靠地检测出所有长度超过 800 μm 的表面初始裂纹，那么在峰值生理载荷下，支架底部产生的初始 ΔK 值将低于阈值，这样在患者的一生中，由于疲劳裂纹扩展导致设备故障的情况就不太可能发生。

一种更保守的方法是忽略阈值的概念，并假设在非常低的 ΔK 值下疲劳可以继续，直至扩展速率极低。如第 7.5 节所述，使用这种损伤容限设计方法，可以通过积分相关的疲劳裂纹扩展关系来预测有限寿命，积分范围从假定的初始裂纹尺寸a_0到最终失效时的裂纹尺寸a_f，这可以由临界裂纹尺寸a_c定义。就相关的 Paris 定律常数 $-m$（$=12.2$）和 C（$=7.10\times10^{-20}$，单位为 $\mathrm{MPa}\sqrt{\mathrm{m}}$ 和 m/循环），以及每个支架计算的峰值生理应力范围 $\Delta\sigma^{\infty}$ 而言，下面给出了导致失效的周期数N_f：

$$\int_{a_0}^{a_f}\frac{\mathrm{d}a}{a^{m/2}} = C\,(Y\Delta\sigma^{\infty})^m\,\pi^{m/2}\int_0^{N_f}\mathrm{d}N \tag{8.16}$$

对于在入口和出口支柱底部产生的计算所得的峰值生理应力，分别可以对式（8.16）进行评估，以给出估计的疲劳寿命N_f作为初始裂纹尺寸a_0的函数，a_0可以解释为最大的未检测到的裂纹尺寸。在没有断裂韧性的情况下，保守地将失效定义为出现任一支柱横截面尺寸约 50% 的表面裂纹尺寸。假设每年约有 38×10^6 次循环（心跳），在图 8.6 中绘制了预计寿命。作为预存缺

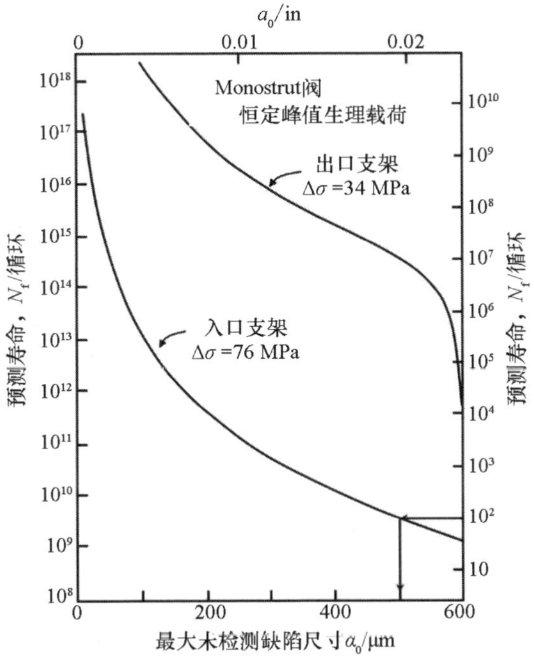

图 8.6　Monostrut 阀进口支柱和出口支柱在峰值应力下的疲劳寿命预测

陷尺寸 a_0 的函数。对于超过患者预期寿命（保守估计为 100 年）的设备寿命，可以估算出最大可检测缺陷尺寸（如箭头所示），这是质量控制程序中在设备出售前必须检测出的最大预存缺陷尺寸，以最大程度地降低设备在体内失效的可能性[3]。很明显，瓣膜的寿命在很大程度上取决于先前无损检测技术的分辨率，即最大的未检测到的缺陷尺寸。

根据这些计算，损伤容限分析预测，在持续的峰值生理载荷下，以及在进口支柱底部和出口支柱底部的峰值应力分别为 0 ~ 76 MPa 和 0 ~ 34 MPa 的情况下，需要超过 3×10^9 个循环，即大约 90 年，才会形成疲劳裂纹导致任一支柱失效，但前提是所有表面长度超过 500μm 的初始裂纹在设备投入使用前都通过无损检测被检测出来。

对于有兴趣的读者，完整的分析详见参考文献［3］，其中考虑了其他次要因素，如残余应力和小裂纹的作用（如第 7.4.3 节所述），以及相应的应力寿命分析。断裂力学分析的主要效用在于，它为阀门的无损评估设定了一个定量目标（以预存缺陷大小表示），该目标可通过图 8.6 与保守估计的使用寿命相关联。通过考虑生理条件的最坏情况假设、关键位置的峰值应力以及裂纹萌生的零寿命，并将此与对设备的完善无损检测相结合，我们可以得出一个现实的结论，即与焊接的 C – C 阀不同，这种特定的 Monostrut 阀在使用中不太可能失效。

这一事件还有一个有趣的后续，由于这些失效的后果如此严重，Shiley 公司于 1979 年被 Pfizer 公司收购后，停止了机械心脏瓣膜的生产，因此他们从未实际销售过 Monostrut 阀。此外，当时的植入外科医生开始担心这种金属瓣膜的结构耐久性，这导致了陶瓷类材料，特别是热解碳材料制成的心脏瓣膜越来越受欢迎。热解碳是一种涡轮层状碳材料[4]，最初用作航天器再入大气层时的隔热罩。与金属瓣膜中的倾斜圆盘一样，热解碳要么用作石墨的涂层，要么用作整体材料。St. Jude Medical 双叶瓣是由涂层材料制成的环状结构，其中两个匹配的半圆形瓣膜压入环中，打开和关闭以调节血液流动，这是一种特别成功的人工装置。这种瓣膜的相应损伤容限寿命分析[5]遵循了上述金属瓣膜分析的相同程序，但更为复杂，因为热解碳是一种典型的脆性材料。与断裂韧性超过 60 MPa $\sqrt{m}$的 Haynes 25 合金不同，热解碳的韧性在 1 和 2MPa $\sqrt{m}$ 之间。此外，如图 7.16（a）所示，其 Paris 定律指数 m 可能高达 50，这远远超过了任何金属材料，这意味着预测寿命对应力高度敏感（提高到 50 次方），而对裂纹尺寸的敏感性则降低了 50%［但仍然非常高，如式（8.16）所示］。

第 7.5 节描述了利用损伤容限寿命预测策略对脆性材料进行预测的困难——出于这个原因，陶瓷很少用于安全关键型应用——但通过在分析的每个阶段都谨慎和保守，这种方法对这种特定的心脏瓣膜假体是成功的。有兴趣的读者可阅读参考文献［5］以获取更多详细信息。

参考文献

[1] TADA H, PARIS P C, IRWIN G R. The stress analysis of cracks handbook [M]. 3rd ed. New York: ASME Press, 2000.

[2] CHUNG Y, FULTON L. Environmental hydrogen embrittlement of G41400 and G43400 steel bolting in atmospheric versus immersion services [J]. Journal of Failure Analysis and Prevention, 2017, 17(2): 330 - 339.

[3] RITCHIE R, LUBOCK P. Fatigue life estimation procedures for the endurance of a cardiac valve prosthesis: stress/life and damage-tolerant analyses [J]. Journal of Biomechanical Engineering, 1986, 108(2): 153 - 160.

[4] DAUSKARDT R H, RITCHIE R O. Pyrolytic carbon coatings [J]. Advanced Series in Ceramics, 1993, 1: 261 - 280.

[5] RITCHIE R O. Fatigue and fracture of pyrolytic carbon: a damage-tolerant approach to structural integrity and [J]. Journal of Heart Valve Disease, 1996: S9 - S31.

进一步阅读的建议

掌握了本书中的内容后，您还可以阅读几本教材。以下列出了这些教材，并附上了我们的个人评论。

1. T. L. Anderson, Fracture Mechanics: Fundamentals and Applications, 4th ed. , CRC Press, Boca Raton, FL, 2017.

这是迄今为止最全面、最易读、最新的断裂力学高级教材。

2. J. F. Knott, Fundamentals of Fracture Mechanics, Butterworths, London, UK, 1973.

第一本关于断裂力学的教材，现在看来有些过时了，但却是该主题的一个有趣的早期论述，包括对弹性力学理论的一些基本力学的介绍。

3. D. Broek, Elementary Engineering Fracture Mechanics, 4th ed. , Kluwer, New York, NY, 1991.

对该主题的另一种有趣但相对基础和过时的论述。

4. S. T. Rolfe, J. M. Barsom, Fracture and Fatigue Control in Structures, 2nd ed. , Prentice-Hall, 1987.

虽然也相当过时，但对于执业工程师来说，这是一本非常有用的教材 。

5. A. Saxena, Advanced Fracture Mechanics and Structural Integrity, CRC Press, Boca Raton, FL, 2019.

非线性弹性断裂力学，特别是蠕变裂纹扩展的现代先进论述。

6. B. R. Lawn, Fracture of Brittle Solids, 2nd ed. , Cambridge Univ. Press, 1993.

对陶瓷断裂力学的准确描述。

7. S. Suresh, Fatigue of Materials, 2nd ed. , Cambridge Univ. Press, 1998.

对疲劳和疲劳裂纹扩展最全面的论述。

索　引

（略）